そのギモン、カガクのチカラで答えます

日本経済新聞社編集サイエンスグループ 編

日経サイエンス社

はじめに

　この世界は多くの謎に満ちあふれています。一部は子どもの素朴なギモンとなって表れます。

　「太陽はどうして光るの？」「魚はどうして水中で生きていけるの？」「恐竜の形や色はなぜわかるの？」

　子どもが抱く「なんで？」「どうして？」に、科学が出した60の答えを盛り込んだのが本書です。

　大人になると、あまりに純粋な疑問は口に出すのも気恥ずかしいと感じる人がいるかもしれません。しかし、大人になったからといって、好奇心を手放してしまうのは、もったいない。子どもたちはもちろん、親子で、大人同士で、謎解きを楽しんでみてはいかがでしょうか。

　本書は、日本経済新聞夕刊・電子版の人気連載「親子スクール理科学」をまとめました。科学記者が第一線の専門家に取材し、科学の基礎から丁寧に執筆しています。

　科学のニュースや解説をわかりやすく伝えるのに慣れている記者にとっても、子どもたちのギモンに答えるのは大仕事です。どのように説明するか。自問自答しながら完成した記事は、疑問の解説にとどまらず、科学の基礎まで知りたいという読者の意欲に応える内容になっています。

　新聞の連載はタイトルに「スクール（学校）」を掲げています。若い世代が科学の知識を身につけ、科学や社会、そしてこの世界への関心を高めてくれるようにとの思いからです。

　ところが「科学の知識を子どもと一緒に学んでいます」などと、幅広い年齢層の方々から反響があります。本書もコンセプトは同じです。年齢を問わず、科学を楽しむ機会を広げる1冊になれば幸いです。

　　　　　　　　　2024年11月　日本経済新聞社編集サイエンスグループ

この本によく出てくる単位

長さ
1mm
1cm = 10mm
1m = 100cm
1km = 1000m

重さ
1mg
1g = 1000mg
1kg = 1000g
1t = 1000kg

時間
1秒
1分 = 60秒
1時間 = 60分
1日 = 24時間
1年 = 365日

4年に1回366日になる「うるう年」がある

体積
1mL（1cc）
1dL = 100mL =（100cc）
1L = 10dL =（1000cc）
1kL = 1000L

割合

もとにする量に対して、比べる量がどれだけ大きいか（または小さいか）を表す数のこと

たとえば、ここに10個のくだものがあって8個がみかん、2個がりんごだとしましょう。

倍 もとにする量を1とした場合の、比べる量の大きさを示します。
みかんの数の割合はりんごの4倍です。

割 もとにする量を10とした場合の、比べる量の大きさを示します。
「割」という単位を使います。
すべてのくだもの10個のうち、みかんの数の割合は8割、りんごの数の割合は2割です。

パーセント（百分率） もとにする量を100とした場合の、比べる量の大きさを示します。
「％」という単位を使います。
もし、くだものが100個あるとみなせば、みかんは80個、りんごは20個です。ですから、すべてのくだもの10個のうち、みかんの数の割合は80％、りんごの数の割合は20％です。
割と％のあいだには、1割＝10％の関係がなりたちます。

もくじ

002 まえがき
003 この本によく出てくる単位

Part1 からだのギモン
008 1 血液型、なぜ人によって違うの？
012 2 おならはなんで出るの？
016 3 痛さや冷たさはどうして感じるの？
020 4 音はどうして聞こえるの？
024 5 夜に眠く、昼に元気になるのはなぜ？
027 6 ウイルスが体に入ると、なぜ病気になるの？
031 7 どうして白髪はできるの？

Part2 地球・宇宙のギモン
036 1 流れ星がすぐ消えちゃうのはなぜ？
040 2 月のうさぎの正体はなに？
044 3 星までの距離はどうして分かるの？
048 4 太陽はどうして光るの？
052 5 夜空にカーテン オーロラはなぜできるの？
056 6 人工衛星はなぜ落ちてこないの？
060 7 小惑星の砂で生命の起源が分かるの？

Part3 陸の生き物のギモン
066 1 ゴキブリ退治に液体洗剤が効くのはなぜ？
069 2 なぜ虫は夜、光に集まるの？
073 3 キラキラ虹色のタマムシ、どうして光るの？
076 4 ネコはなぜマタタビが好きなの？
080 5 草や花はどうやって太陽の方を向くの？
084 6 どうしてサボテンは枯れないの？

- 088　7 虫を食べちゃう植物、どうつかまえるの？
- 092　8 恐竜の形や色はなぜ分かるの？
- 096　9 生き物はなぜ死を迎えるの？

101　Part4 海の生き物のギモン

- 102　1 魚はどうして水中でも生きられるの？
- 106　2 イカやタコはなぜ墨を吐くの？
- 110　3 フグはなぜ自分の毒にあたらないの？
- 114　4 タラバガニはカニじゃないの？
- 118　5 深海魚はどうしてつぶれないの？
- 122　6 真珠はどうやってできるの？
- 126　7 ペンギンはなぜ長く潜れるの？

131　Part5 天気のギモン

- 132　1 春一番はどうして吹くの？
- 136　2 猛暑が続くのは高気圧のせい？
- 139　3 冬はどうして北風が吹くの？
- 143　4 飛行機雲はどうして伸びるの？
- 147　5 台風の目ってなんだろう？
- 151　6 天気はどうやって予想するの？
- 155　7 山火事はどうして増えているの？

159　Part6 食べ物のギモン

- 160　1 ハチミツはなぜ甘いの？
- 164　2 カレーは2日目がおいしいのはなぜ？
- 168　3 かき氷ふわふわにするにはどうすればいいの？
- 172　4 お餅はお米で作るのになんで伸びるの？
- 175　5 ほくほくの石焼きいも どうしてあまーいの？
- 178　6 冷凍食品、凍らせてもなぜおいしいの？

もくじ

181　Part7　テクノロジーのギモン
- 182　1　カメラはどうして写真が撮れるの？
- 186　2　どうして線路には石を敷くの？
- 190　3　自動運転車はどうやって走るの？
- 194　4　ポケGOやカーナビはなぜ位置が分かるの？
- 198　5　顔認証はなぜ本人と分かるの？
- 202　6　指紋でどうやって人を特定できるの？
- 206　7　緊急地震速報、なぜ揺れる前に分かるの？

211　Part8　くらしのギモン
- 212　1　水と油はどうして混ざらないの？
- 216　2　氷はどうして水に浮かぶの？
- 219　3　炎の色はなぜ変わるの？
- 223　4　ドアノブを触るとバチッと静電気　なぜ起きるの？
- 227　5　どうして電子レンジで食べ物が温まるの？
- 231　6　カビはどこから生えるの？
- 235　7　使い捨てカイロはどうして温かくなるの？
- 239　8　ダイヤモンドはどうして硬いの？
- 243　9　なぜ消臭スプレーでにおいが消えるの？
- 247　10　メートルの単位は何が基準なの？

251　著者・イラスト一覧

- 64　夜空をいろどる天体ショー
- 100　化石から分かる　マンモスの旅
- 130　おでこの形でつくる表情
- 210　知ってる？　はじまりあれこれ

表紙・章扉イラスト　きのしたちひろ　　　デザイン　八十島博明、清水 桂（GRiD）

Part 1
からだのギモン

血液型、なぜ人によって違うの？

休み時間に学校の友達と血液型の話で盛り上がったよ。占いとかもしてとても楽しかった。クラスにはいろいろな血液型の友達がいるけど、A型の人が多いみたい。でも、なんで人によって血液型は違うのかな。

赤血球の表面についている抗原の種類で決まるんだ

占いなどでもよく使われる血液型はA、B、O、ABの4種類あるのは知っていますね。日本人でもっとも多いのがA型で、全体の40パーセント近くに達します。ただ血液型の割合は集団や地域によって違い、ヨーロッパ系やアフリカ系の人たちはO型が多くなります。

転んでキズ口から真っ赤な血が出てくると痛いし、びっくりもします。では血液は何からできているのでしょうか。水分や、体を動かすエネルギー源の糖質などで作る「血しょう」という液体が血液のほぼ半分を占めていて、ほかには赤血球や血小板などでできています。

一般に血液型というのは「赤血球の型」のことです。赤血球は血液の中を通り、全身に酸素を運ぶという大切な仕事をしています。この赤血球の表面にある物質が何なのかで血液型が決まることになります。

赤血球の表面にはもともとたんぱく質や糖などでできた「抗原」という物質があります。抗原は数百種類はあるといわれていて、このうちどれかが赤血球の表面にあります。

　AやBなどに分けられる「ABO血液型」の場合、赤血球の表面にあるのが「A抗原」なのか「B抗原」なのかで血液型が決まります。A型の人の赤血球にはA抗原だけ、B型の人はB抗原だけあります。AB型の人は両方あり、O型の人にはどちらもありません。

　抗原にぴったりとくっつくのが「抗体」という物質です。通常、抗体はウイルスなどが体内に侵入してきたときに作られ、病原体をやっつけてくれます。抗原と抗体はよくカギとカギ穴の関係に例えられていて、そのカギ穴にはまれば攻撃します。このしくみは病気の治療などに活用されていますが、赤血球の抗原に抗体がくっつくと赤血球が固まりを作ったり、壊れたりしてしまいます。

　普通は後から抗体は作られますが、ABO血液型の場合、AB型以外の血液では最初から赤血球のまわりに抗体があります。理由はわかりません。ただ、それらがくっつくことはありません。

　A抗原にむすびつくのは「抗A抗体」と呼ばれます。しかし、A型の人が生まれつき持っているのは「抗B抗体」の方なんです。B型はその逆で、血液には抗A抗体があります。AB型は両方なくて、O型は両方あります。なんだか複雑なんですが、抗原とけんかすることはありません。

　だから交通事故などで輸血が必要になったとき、違う型の血液を使ってはダメです。血液は献血などで集め、主に赤血球や血小板など成分ごとに輸血します。街中の献血スペースで「A型が足りていません」とか書かれた貼り紙を見たことがある人もいるでしょう。

　例えば、A型の人にB型の赤血球をまちがって輸血すると、A型の人の抗B抗体が、B型の人の赤血球のB抗原にくっついて攻撃します。型の違う血液を輸血すると腎臓などに重い症状が起き、場合によっては患者が死んでしまいます。だから輸血のときはまず血液型を調べる必要があるんです。

　赤血球の抗原で決まる血液型には「Rh血液型」もあります。赤血球表

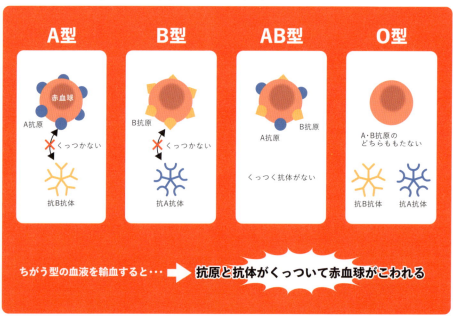

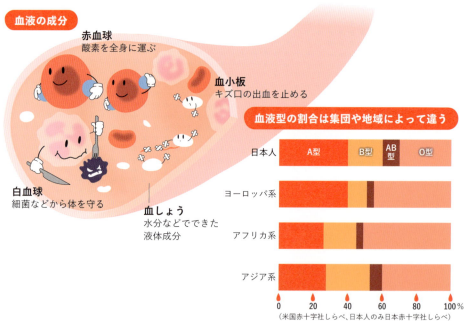

面にあるC、c、D、E、eなどの抗原で分類します。「D抗原」が赤血球にあると「Rhプラス」になります。

なければ「Rhマイナス」ですが、日本人では200人に1人程度しかいません。だいたいの場合はABO血液型の一致に加えて、Rh血液型でもプラスかマイナスのどちらかが同じなら輸血できます。

実は国際輸血学会が認定する血液型は約40種類もあるんです。それぞれに関係する抗原の数はたくさんあるので、「A型」「Rhプラス」といった血液型のタイプは数え切れないくらい細かく分かれています。ABOやRhがよく知られているのは、ほとんどの国で輸血時に2つの血液型が一致するかどうかを調べているためなんです。

37種類目の血液型は日本の研究グループが見つけました。1991年に患者の血液から発見しました。「KANNO」と名づけられ、2019年に国際輸血学会が認めています。これからも新しい血液型が見つかるかもしれませんね。

博士からひとこと

病気のかかりやすさに違い

「A型の人にはこういう性格の人が多い」といったような話をたまに聞くけど、科学的な根拠はないんだ。ただ、特定の病気へのかかりやすさなどに違いがあることが最近の研究でわかってきた。例えば、O型以外の人では特定の心臓の病気にかかるリスクがO型の人に比べて約1割高いという報告がある。

血液型は親から規則性をもって遺伝するから、人種ごとにどの血液型が多いかが違ってくる。例えば、アメリカの先住民にはO型の人が多いという。過去に梅毒という感染症が流行して、抵抗力が高かったO型の人が多く残ったという説があるよ。マラリアに感染しにくい血液型がアフリカ地域でみられることもわかった。

血液型による免疫力の強さや病気になるリスクの違いはまだ十分にはわかっていないんだ。研究がこれから進めば、血液型ごとに気をつけるべき病気などがわかって、対策できるようになるかもしれないね。

話を聞いた人 国立国際医療研究センターの徳永勝士プロジェクト長
福島県立医科大学の大戸斉名誉教授（取材当時）

おならはなんで出るの?

学校で遊んでいたら、おならが出ちゃった。
友達に聞こえたんじゃないかって思って恥ずかしかったよ。
おならってなんで出るのかな。
臭いや音が違うのはなんでだろう?

7〜9割は食事の時にのみ込んだ空気だよ

おならの正体は腸の中にたまったガスなんです。その7〜9割は食事のときにのみ込んだりして体内に入った空気です。ほとんどはゲップになって体外に出ますが、出なかったものが腸に運ばれてたまります。

それ以外のガスは、腸内にいる細菌が食物を分解したときに出る水素やメタンなんです。これらの大半は臭いがありません。食べものは口から入ると食道や胃、小腸、大腸とどんどん進み、消化されていきます。小腸で栄養として吸収されないで残った食物繊維などは、大腸でビフィズス菌など腸内細菌のエサになります。分解の途中でガスが出ます。

おならは口から入った空気と細菌による分解でできたガスが腸内で混ざってできます。最後は腸の働きで押し出され肛門から出ます。健康な人で1日に8〜20回、量では200〜1500ミリリットルのおならを出す

といわれています。

おならの臭いは食べるものによって変わります。肉や揚げ物など脂っこくてたんぱく質を多く含む食べものをたくさん食べると、臭くなりやすくなります。腸内にはウエルシュ菌などの「悪玉菌」がいて、脂質やたんぱく質をエサに増えます。悪玉菌が増えると腸内の腐敗が進み、アンモニアやスカトールなど臭いの元となるガスが出ます。

乳酸菌やビフィズス菌など「善玉菌」が増えるとおならの臭いは抑えられます。善玉菌は体にいい細菌で、食物繊維をエサに増えます。善玉菌は食べものを腐らせるのではなく、発酵させることで、臭いがない炭酸ガスやメタンガスが出てきます。イモや豆といった食物繊維を多く含むものを食べるといいです。

おならが出る量は、まずのみ込んだ空気の量で変わります。例えば、急いで食事をとろうとすると、一緒に空気もたくさん口から入ってきます。炭酸飲料が好きな人ものみ込む空気が多くなります。

腸内でできるガスの量は腸内細菌が元気になると増えます。イモや豆などに豊富に含まれる食物繊維はほとんど分解されないまま大腸にたどり着くため、腸内細菌のエサの量が増え、活発に働くようになります。ブロッコリーなどの野菜にも食物繊維が多く含まれるので、たくさん食べるとおならがよく出ます。

便秘や下痢でおなかの調子が悪いときもおならが増えます。便秘のときは大腸内にいつも細菌のエサがたくさんある状態なので、ガスがたまりやすくなります。下痢のときはおなかの活動が活発になりすぎ、ガスもいっぱい作られます。おなかがゴロゴロと音が鳴るのは腸にガスがたまっていることを示しているからです。

おならを我慢すると健康によくありません。腸の内側には栄養素などを吸収する役割があります。我慢してガスをためすぎると、栄養素のように吸収されます。おならの臭い成分が血液に溶け込んで体を巡るため、体臭や口臭、肌荒れの原因になることがあります。

我慢しようと思わなくても、おならがたまってしまうこともあります。おならは腸が伸びたり縮んだりする「ぜん動運動」という動きで肛

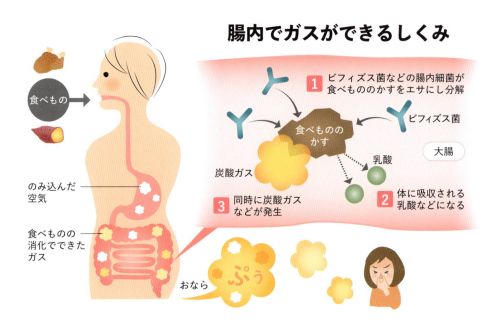

食べものによるにおいの違い

脂質の多い肉や揚げ物	食べもの	食物繊維の多いイモや豆
ウエルシュ菌などの **悪玉菌**	働く腸内細菌	ビフィズス菌などの **善玉菌**
・アンモニア ・硫化水素 ・スカトール	できるガス	・炭酸ガス ・メタンガス
くさい	におい	くさくない

門まで運ばれます。体を締め付けるような洋服を着ていると腸が圧迫されて、おならを運べなくなります。長時間座っていたりしても腸が動きづらくなるので、おならがたまります。

　適度な運動をして、おなかの動きを活発にすることが大切です。運動ができなくても、おなかのあたりを手で伸ばしたり、大腸をなぞるようにおなかを優しく押したりすることで、おならを出すこともできます。

　おならの音が違うことは知っていると思いますが、健康状態とは関係ありません。肛門から出す量と速さによって音の大きさや高さは変わります。リコーダーを想像してください。おなかに力を入れて一気に息を吹くと大きな音が出て、そーっと丁寧に吹くと小さな音になります。しくみはおならも同じです。肛門の締め具合で高さが変わります。ちなみに音と臭いはあまり関係ありません。

　きちんと運動して水分や食物繊維を十分とれば、いい腸内環境を保てて便秘にもなりづらい。そうすればおならも臭くならないはずです。

博士からひとこと

細菌100兆個、バランス大事

　悪玉菌が増えることによる腸内環境の悪化は、おならが臭くなるだけでは済まない。大腸炎や大腸がんなど腸の病気のほか、肥満や糖尿病などの生活習慣病、ぜんそく、アレルギーなどの原因にもなるといわれる。

　人の大腸には100兆個以上の腸内細菌がいる。体によい善玉菌、悪い働きをする悪玉菌、どちらでもない日和見菌に分けられ、理想的なバランスは2対1対7といわれている。善玉菌は悪玉菌が増えるのを防いだり、腸の運動を促したりするんだ。

　高たんぱく・高脂質の肉や揚げ物を食べ過ぎたり、ストレスで副交感神経の働きが乱れたりすると、悪玉菌が増えて腸内環境が悪化して、病気の引き金になりうる。

　善玉菌を増やし、腸内環境を整えるにはバランスのとれた食事を心がけることが大切だ。ビフィズス菌を含むヨーグルトや食物繊維の多い野菜や海藻を積極的に食べるといいだろう。なるべくストレスも減らしたいね。

話を聞いた会社　小林製薬

痛さや冷たさはどうして感じるの?

雪がふったとき、友達と雪だるまを作ったよ。
雪をさわったらとても冷たくて、痛かったんだ。
熱い温泉に入るときも痛いときがあった。
皮ふではどうやって痛みや冷たさを感じているのかな。

皮ふの小さなセンサーが反応すると感じるよ

皮ふには目に見えない小さなセンサーがたくさんあります。いろいろな種類があり、皮ふにふれた物の成分に反応したり、力や温度などに反応したりします。こうしたセンサーは体中にあり、受け取った情報は電気信号となって神経を通して脳に伝えられます。人は脳に伝えられた情報をもとに「熱い」「痛い」といったことを感じます。

人は皮ふのセンサーを通して、温かさや冷たさ、痛み、ふれた物の感しょく、押されたことなどを感じます。熱いものにさわると「痛い」と感じるのは、皮ふに特定の範囲の温度に反応して痛みの感覚を引き起こすセンサーがあるからです。

こうしたセンサーは命の危険を知るために重要です。皮ふで痛みや熱をすぐに感じることができれば、やけどやケガなどにつながる危険から身を守ることにつながります。

センサーの中には、化学物質や温度など複数の刺激に反応するものもあります。例えば、20年以上前にみつかった「カプサイシン受容体」というセンサーはその名の通り、トウガラシのからさの成分「カプサイシン」に反応します。

このセンサーは神経の細胞の表面にあり、舌だけでなく、皮ふにもあります。皮ふにカプサイシンをぬるとヒリヒリするのは、このセンサーが反応するからです。からい物を食べた時には、舌でも同じ反応が起きています。こうして「からさ」を「痛み」として感じることになります。

それだけでなく、このセンサーはセ氏約43度以上の熱にも反応します。そのため熱い温泉に入ったときも、熱さを「痛み」として感じます。英語では熱いのも、からいのも「HOT」といいますが、まさに同じ感覚なんです。

熱とカプサイシンの両方に反応するので、トウガラシの入った熱い物を食べた時には、とてもからく感じます。こうしたときは、お湯よりも冷えた水を飲んだ方がからさをおさえられます。

複数のものに反応するセンサーはほかにもあります。冷たさを感じるものの中には、ミントの成分にも反応するものがあります。ミントがトッピングされたアイスクリームを見たことがありますか。ミントに含まれる「メントール」という成分に反応するセンサーは、セ氏約28度以下の温度でも反応します。ミントとアイスを食べると、冷たい温度とメントールの両方に反応しますから、アイスだけを食べるよりも冷たいと感じます。

湯冷めしにくいハッカ湯は、こうしたセンサーの仕組みをうまく利用しています。メントールが入っているから、お湯からあがった後にすずしさを感じます。実際よりも皮ふの温度が下がったと感じるから体が熱をつくり、湯冷めを防ぐのにつながるのです。

このほかにも温度に反応するセンサーはあります。熱さ、冷たさ、温かさにかかわるセンサーは11種類あるといわれます。それぞれが特定の範囲の温度に反応します。

同じ温度でも、体の部位によって感じ方はちがってきます。例えば、

皮ふにはさまざまなセンサーがある

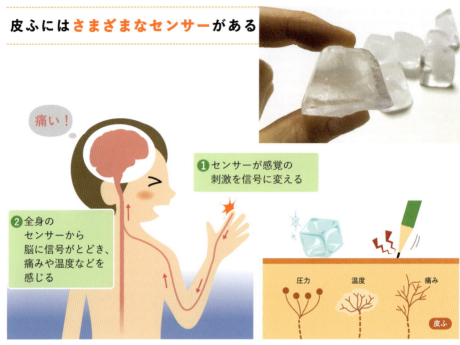

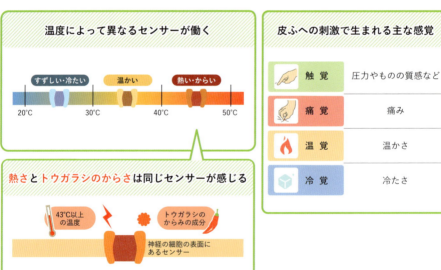

おでこを冷やすのは気持ちよく感じるけれど、おなかを冷やすのはそうは感じにくいですよね。この理由はよく分かっていないんです。

体の部位によってセンサーの種類や数は変わります。そのため、同じ刺激でも感じ方が変わってくると考えられています。指先には感覚を受け取るところが集まっています。先端のとがった器具を皮ふに当てて調べた実験によると、人さし指の先端に器具を当てたときには、数ミリメートル離れた2点でも区別して感じることができます。しかし背中では5センチメートル離れた2点を同時に当てても、1点と感じてしまいます。

感覚はお互いに影響しあうこともあります。痛いところをさすると痛みが楽になるときがあります。これは皮ふをさすった時の感覚を受け取る神経が、痛みを感じる神経に働きかけて、痛みをおさえているからです。小さい子どもに「痛いの痛いのとんでいけ」とさすりながらおまじないをするのは、そうした効果を利用しているのです。

Part 1 からだのギモン

博士からひとこと

生活に役立つ生物のセンサー

生き物は種類によって、皮ふに持っているセンサーの種類や量に似ている点や違いがある。それを利用して、特定の生き物を近づけないようにする製品が作られている。

例えば、クマよけに使うスプレーにはカプサイシンが使われている。人と同じように、クマの目などにのびる感覚神経には、カプサイシン受容体があり、スプレーを受けると痛みを感じるので撃退できる。

たんすに入れる防虫剤には、くすのきからとれる「しょうのう」という物質が使われる。虫にある特定のセンサーが、しょうのうに反応していやがるのを利用している。

人のセンサーの働きを解明して、薬に役立てようという試みもある。カプサイシン受容体が痛みにかかわると分かってから、その働きをおさえて鎮痛剤を開発しようという取り組みが進んできた。ただ、十分な効果がなかったり、熱が出る副作用が出たりしたため、実用化はしていない。

話を聞いた人　名古屋市立大学の富永真琴特任教授

音はどうして聞こえるの？

好きな音楽をよく聞いてみたら、
いろんな楽器の音がふくまれていることに気づいたんだ。
こうした音の聞き分けはどうしてできるのかな。
どうして音は聞こえるのだろう。

空気のふるえが鼓膜に伝わることで聞こえるんだ

音は空気をふるわせて伝わってくる波です。例えば太鼓をたたくと、太鼓の表面の皮がふるえます。それによって空気がふるえて音として伝わります。それが耳に届くのです。

耳はこのふるえを受け取り、電気信号に変えて脳に伝える役割をしています。いわば、音のセンサーとして働いています。小さい音でも逃さず聞き取れるような仕組みになっています。

耳の仕組みをくわしくみていきましょう。耳は「外耳」「中耳」「内耳」と大きく3つの部分からなります。耳というと見えている形を想像すると思いますが、それは外耳と呼ばれる部分です。音を集めて、奥にある中耳に送る役割をしています。

中耳は鼓膜と耳小骨というものからなります。鼓膜はうすい膜で空気のふるえを受けると振動します。この振動をさらに奥に伝えるのが耳

小骨です。耳小骨は3つの骨を組み合わせたもので、鼓膜からの振動を受けると、奥の骨がより振動しやすい仕組みになっています。そうすることで音を約20倍に大きくしています。

この音を受けるのが内耳です。中耳からきた振動は、かたつむりのようなぐるぐるまきの形をした「蝸牛」というものに伝わります。蝸牛の中には膜があり、その上に「有毛細胞」というものが無数に並んでいます。膜が振動すると、この細胞もふるえて、その音の高さや大きさを電気信号にして脳に伝えています。

蝸牛の中で耳小骨に近い膜は、高い音を受けると大きくふるえます。低い音ほど蝸牛の奥の膜がふるえる仕組みになっています。こうして音の高低を聞き分けているんです。大きな音ほど有毛細胞が大きくゆれることで、違いが分かるようになっています。

有毛細胞は音量を調節する役割もしています。音を受けると、伸び縮みをして蝸牛の膜をゆらします。すると、蝸牛から鼓膜へと振動が伝わり、鼓膜がゆれて音が大きくなります。小さな音を大きくして聞くことができるようになっているのです。

音の高さは、空気がふるえる回数によって変わります。たくさんふるえるほど高い音になります。1秒間にふるえる回数はヘルツという単位で表します。例えば救急車のサイレンは、高い音と低い音の基本の高さがそれぞれ960ヘルツ、770ヘルツと決まっています。

人が聞こえる音は限られていることを知っていますか。高すぎる音や低すぎる音は聞こえません。一般的には、聞き取れるのは20ヘルツから2万ヘルツくらいまでの音といわれています。例えば、コウモリは1000ヘルツから12万ヘルツといわれるように、生き物によって聞こえる範囲は違います。

年をとると高い音が聞こえにくくなります。有毛細胞の一部が壊れるからです。例えば、ネズミがいやがるとても高い音をビルの入り口などで流していることがありますが、若い人だとうるさく聞こえることがあります。

ピアノと人の声では同じ高さの音を出しても違った音色に聞こえます。何かで音を出すときには、様々な高さや大きさの音が混じっている

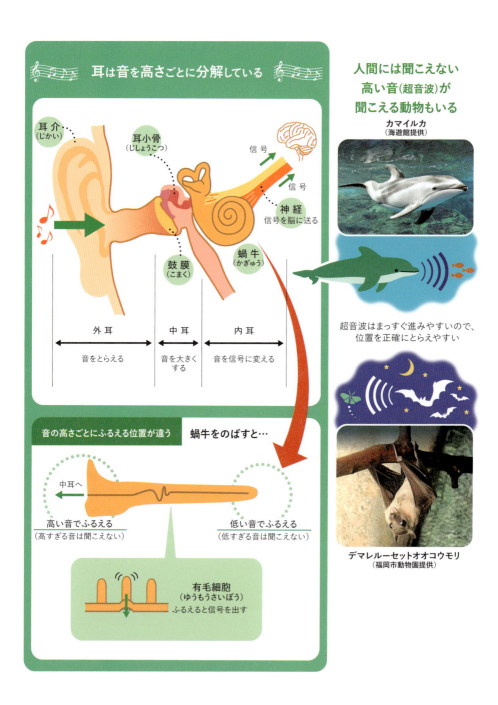

ので、その違いから聞こえ方が変わってきます。この混じり方を、蝸牛から受け取った電気信号をもとに脳が判断しています。脳は特定の音に注意して聞く機能があります。この脳の働きによって、さわがしいところでも相手の話を聞き取ることができると考えられています。

人に聞こえない2万ヘルツ以上のとても高い音を<u>超音波</u>と呼びます。イヌやネコといった動物の中には、超音波が聞こえるものがいます。イルカやコウモリなどは自ら超音波を出すことができます。周囲に超音波を出して、獲物などから跳ね返ってきた音を聞き、その位置や距離などを測っています。超音波は低い音に比べて、位置などを正確に知るのに適しています。

人は超音波を聞くことはできないけれど、道具として使っています。その一つが体の中を調べる超音波診断です。体を切らずに体内の様子が分かるので、心臓の検査や体内の赤ちゃんの様子の確認などに使われています。

Part 1 からだのギモン

博士からひとこと

イヤホンの大音量に注意

耳の有毛細胞が傷ついて、音が聞こえにくくなることがある。有毛細胞は一度こわれると元に戻らない。年をとると耳が遠くなるのも、長い年月で有毛細胞がこわれるためだ。

大きな音を聞きすぎると、有毛細胞に負担がかかってこわれやすくなる。最近は音楽プレーヤーやスマートフォンなどにイヤホンを付けて、ずっと大きな音を聞いている人もいる。若いうちから耳が大きな負担を受けている影響について、医師からは心配する声があがっているよ。

耳を大切にするため、イヤホンを使う際には大きな音にしすぎないようにしよう。他にも、大きな音をそばで聞くため、楽器を演奏する人は耳が聞こえにくくなりやすいといわれる。その対策として、演奏時に耳栓をつけることもあるよ。

耳が聞こえにくくなった人のためには、音を大きくする補聴器や、内耳の働きをする人工内耳などが使われているよ。

話を聞いた人 富山県立大学の平原達也教授（取材当時）

夜に眠く、昼に元気になるのはなぜ？

晩ごはんを食べ終わって宿題をやろうと思ったら、あくびが出てきちゃった。なんで夜になると眠くなってしまうのだろうね。明るいときは体が元気になるのも不思議だね。人間の体はどうして1日のリズムが分かるのかな。

体の中に生活リズムを刻む時計があるんだ

　1日の長さが24時間であるように、人間などの生き物も24時間のペースで生活しています。生活のリズムを知る仕組みが体のすみずみにあるのです。心臓や肝臓、腎臓など全ての臓器が「時計」を持っています。この時計を「体内時計」と呼んでいます。

　体内時計の正体は、体にある「たんぱく質」という物質の集まりです。本物の時計では、多くの部品が一緒になって針を動かします。体内時計では、決まった時間にたんぱく質が働いて時刻を教えてくれます。実際の体内時計は24時間よりも少し長い時間を計れますが、1日に合わせて24時間にしているそうです。

　体内時計がたくさんあるからといって、勝手に動くと迷ってしまいます。中心になる時計が時刻を調節しています。頭の中の脳にある「親時計」です。神経などを通して、

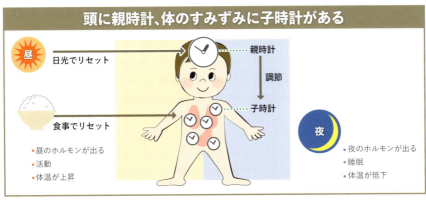

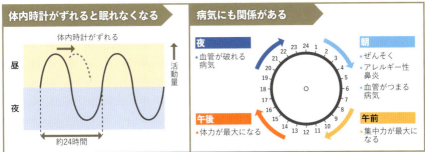

　いろんな臓器にある「子時計」のリズムを合わせているのです。

　この親時計と子時計が連絡を取り合って24時間のリズムを刻みます。親時計を調節するのは光です。朝に日光などを浴びると、24時間のリズムに合います。左右の目から入った光の信号は神経を通って脳に届きます。親時計はその途中にあり、光の信号を受け取ります。決まった時間に日光を浴びると、親時計のリズムを保てるようになります。

　子時計は朝ごはんでも調節します。夜に寝ていると何時間も何も食べません。長時間にわたって空腹になった後にごはんを食べると、子時計のずれを直す仕組みになっています。

　人間の体は、体内時計の時刻に合わせて変化しています。夜は眠りやすくするホルモンが出て、体温が下がります。昼は体を動かすのに使う糖を増やすホルモンができます。体温が上がって、盛んに動けるようになります。

　夜遅くまで遊ぶと、体内時計がず

れてきます。眠れなくなったり、体の調子が悪くなったりします。海外旅行では、日本が夜の時間に外国は昼のときがあります。体内時計が乱れて、頭がぼーっとする時差ぼけになってしまいます。強い光を浴びても、親時計は1日に3時間くらいしか動きません。海外で親時計がずれると、慣れるまでに時間がかかります。

便利な生活は体内時計が乱れやすくなります。夜にスマートフォンやコンビニエンスストアで強い光を見ると、親時計がずれます。朝だと勘違いして、眠れなくなってしまいます。夜食をだらだらと食べていると、子時計もずれてしまいます。空腹にならず、朝ごはんを食べてもリセットされにくくなります。

1日のリズムは体の調子や病気にも関わります。朝はぜんそくやアレルギー性鼻炎が多くなるそうです。血管がつまる病気も増えます。夜は、血管が破れる病気が多くなります。

1日の中で勉強や運動がよくできる時間帯があります。午前は集中力が高くなり、勉強がはかどります。午後は体力が高まり、運動にふさわしい状態です。勉強や運動をがんばるには、体内時計のリズムを保つことが大切です。「早寝、早起き、朝ごはん」が体内時計を整える秘訣なんですね。

博士からひとこと

季節を知らせる時計も

時計は1日に24時間のリズムを刻むが、時の流れには1週間、1カ月、1年といったリズムもある。日本では四季も知られる。最近の研究では、季節のリズムを刻む体内時計があると分かってきた。クマやリスなどが冬になると眠り続ける「冬眠」も、体内時計と関係があるとみられる。

冬になると日の出の時間が遅く、夏になると日の出の時間が早くなる。日が差し込む時間が早くなると、脳から「春ホルモン」と呼ぶ物質がつくられるそうだ。冬が近づくにつれて、つくられる量がだんだんと減ってくる。こうして四季の変化を体が感じ取るようだ。

話を聞いた人 東京大学の深田吉孝名誉教授
東京大学の上田泰己教授

ウイルスが体に入ると、なぜ病気になるの?

Part 1 からだのギモン

学校で保健室の前を通ったら、ポスターにウイルスを寄せつけないために手洗いや消毒が大事だと書いてあったよ。気をつけなくちゃ。
でも、ウイルスが体の中に入ると、どうして病気になるのかな?

体内の細胞にうまく入り込み、壊してしまうんだ

　冬になるとかぜを引きやすくなります。クラスでもかぜで休む友達は多くありませんか。
　かぜは、人の体にウイルスが入った結果、熱や鼻水、のどの痛みといった症状が出る病気です。かぜのような症状をもたらすのがウイルス。わかっているだけで数百以上の種類があります。特別な顕微鏡を使わないと見えないくらい、とても小さいです。
　ウイルスはまず鼻や口から体内に入ってきます。ほかの人のせきやくしゃみで出たウイルスが入った空気を吸い込んだり、ウイルスのついたドアノブや机を触った手で、自分の鼻や口を触ったりすると入りやすくなります。こうして体内に入ったウイルスは、鼻の奥にある鼻くうと呼ぶ空間やのど、肺につながる気管などの壁にある粘膜にくっつきます。
　ウイルス表面にはカギのような役割を果たすたんぱく質があります。

一方、鼻やのどの細胞表面にはカギ穴となるたんぱく質があります。これらのたんぱく質同士がぴったりくっつくと、細胞がウイルスを取り込んでしまいます。人の細胞は体の中で互いに情報をやりとりするためにいつも色々な物質を取り込んでいますが、ウイルスはこうした細胞の働きをうまく使って、細胞の中に忍び込みます。

工夫して細胞に入るウイルスは生き物みたいですが、実は生き物ではありません。ウイルスの外側はたんぱく質でできたカプセルで、その中には「DNA」や「RNA」と呼ぶウイルスの設計図が入っているだけなのです。

普通の細胞は外から栄養を取り込み、設計図をもとに、様々なたんぱく質をたくさんつくります。設計図をコピーし、分裂して数を増やすことができます。でもウイルスは栄養を取り込めず、自分ではたんぱく質や設計図のコピーをつくれません。分裂して増えることができないのです。その代わりに、生きているほかの細胞を使って自分自身を増やそうとします。

そこで、細胞に入ったウイルスは自分の設計図を細胞内にまぜます。細胞は、自分の中にまざった設計図を「自分のものだ」と勘違いします。設計図に従って、ウイルスの殻や設計図のコピーをせっせと大量につくってしまうのです。

そのうち、細胞の中に大量にウイルスの殻や設計図が増えて細胞は壊れてしまいます。するとウイルスは外に飛び出して、またほかの細胞にくっついて忍び込み、自分自身を増やす反応をくり返すことになります。

もちろん体の方も、鼻やのどの細胞が壊されてウイルスが増え続けるのをだまって見ているわけではありません。体内には、侵入した病原体をやっつける役割を持つ免疫細胞がパトロールしています。この細胞がウイルスに感染した細胞を見つけると、ウイルスを退治するための反応が始まるのです。

体はまず体温を上げて、細胞の中でウイルスが増えるスピードを弱めようとします。ウイルスが増えている場所にたくさんの免疫細胞が集まり、ウイルスを捕まえて分解します。ウイルスをがんじがらめにして身動

Part 1 からだのギモン

ウイルスは体内で増えて病気を引き起こす

鼻や口からウイルスが入る

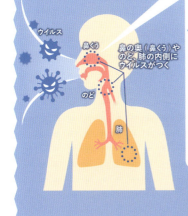

ウイルスは細胞内で増える

1. 相性の合う細胞にウイルスがくっつく

鼻やのどの細胞

2. 細胞があやまってウイルスを取り込む

4. 増えたウイルスが細胞を飛び出し、他の細胞にくっつく

3. ウイルスは細胞をのっとり、自分のコピーを大量に作らせる

細胞から出て行くウイルスの様子を写した写真
（京都大学の野田岳志教授提供）

ウイルスが増えるのを防ごうとして様々な症状が出る

体内の免疫細胞がウイルス感染に気付く

- **のどの痛み**：鼻やのどに免疫細胞が集まりウイルスなどをとらえて破壊する
- **鼻水**：粘液を多く出してウイルスを体外へ流し出す
- **発熱**：脳が体温を上げる命令を出しウイルスの増える速度を遅くする

様々な対処法がある

● **ワクチンで予防**
ウイルスをとらえる抗体をあらかじめ作り、細胞への感染をおさえる

● **抗ウイルス薬で治療**
薬を使ってウイルスが細胞内で増えるのを防ぐ

きを取れなくする特殊なたんぱく質をつくり、ウイルスが細胞に侵入できないようにもします。

　鼻の粘液の量を増やしてウイルスを外に押し流そうともします。こうして、発熱やのどの痛み、鼻水といった症状が出てきます。かぜの症状は体がウイルスとたたかうことであらわれるのです。

　自分の体だけではウイルスを打ち負かせないときは、薬を使ってウイルスの増殖を止めることもできます。「抗ウイルス薬」と呼ぶ薬です。薬の力で、ウイルスの設計図から細胞の中でたんぱく質がつくられたり、細胞から増えたウイルスが出て行ったりするのを邪魔します。

　ワクチンもウイルスによる病気を防ぐ方法です。先にウイルスのかたちを免疫細胞に覚え込ませれば、ウイルスが侵入した早い段階で上手に退治できるようになります。もちろん、早寝早起きや十分な栄養を取って体がウイルスとたたかえる準備を整えることも立派な予防になります。

 博士からひとこと

空気が感染する冬に流行

　かぜやインフルエンザなど、鼻やのどにウイルスが感染する病気は「呼吸器感染症」といって、冬に流行しやすい特徴があるよ。冬は空気が乾燥しやすく、くしゃみなどで細かいしぶきにくっついたウイルスがより遠くまで運ばれやすくなる。しかも、乾燥によって鼻やのどの粘液が少なくなっていて、ウイルスを体外に押し流す効果が薄れている。寒さで免疫の力が弱ってしまうことも、病気の流行につながる。

　現在世界的に流行が続いている新型コロナウイルスも、呼吸器感染症の一種だ。呼吸器感染症には、重症になると気道の奥まで感染が進み、肺の中でウイルスが増えるものもある。体がウイルスとたたかおうとして、肺の中で炎症が起きてしまう。これが肺炎だ。体の弱った人ではこうした重い症状が出やすい。かぜなどを引いた人はマスクをして、他の人にウイルスをうつさない「せきエチケット」を守ることが大事だよ。

話を聞いた人　東京大学の一戸猛志准教授

どうして白髪はできるの?

Part 1 からだのギモン

お母さんが鏡をみて「最近、白髪が増えた」と言っていた。そういえば、おじいちゃんやおばあちゃんの髪の毛は真っ白だな。私の髪の毛は色が濃いのに、どうしてこんなに違ってくるんだろう。私も大人になったら白くなるのかな。

メラニンという色素が年をとると減っていくからだよ

髪の色が濃いのは、「メラニン」という色素が髪の毛の中にあるからです。若い人の毛髪には、メラニンがたくさんあります。それが年を取ってくると、だんだん少なくなって髪の色が白くなるのです。メラニンは肌にもあって、日焼けで肌が黒っぽくなるのにも関係しています。

世界中の人をみると、髪の色には黒だけでなく、茶や金などいろんな色があります。この違いにメラニンが関わっています。メラニンには黒っぽい色と黄色に近いものの2種類があります。髪に含まれる2種類の割合は人によって違います。日本に多い黒髪の人は、黒っぽい色のメラニンが多いからなのです。

どうして年を取るとメラニンは少なくなっていくんでしょう。それは髪の毛のできる仕組みと関係しています。

髪の毛はたんぱく質でできています。髪の毛の根もとの皮ふの下には「毛包」という部分があって、ここで髪の毛が作られます。この毛包の中に髪の毛を作る細胞や、メラニンを作る「色素細胞」などが入っています。

髪の毛は1カ月で約1センチメートルのび、3〜6年成長すると、やがて抜けます。健康な人でも1日に100本くらい抜けます。抜けるときには、髪の毛を作る細胞や色素細胞も毛穴からなくなります。すると、毛穴の周りにある新たに髪の毛を作る細胞や色素細胞の元になる細胞が、毛根に向かって移動します。これが新しい色素細胞などになります。

若い人は色素細胞の元になる細胞がたくさんあります。だからたくさん色素細胞ができて、濃い色の髪の毛が生えます。でも年をとると、色素細胞の元になる細胞が少なくなり、色素細胞も減ってしまいます。そうするとメラニンの量が減って白っぽい髪が生えてきます。

それでは、どうして年を取ると、色素細胞の元になる細胞は少なくなるのでしょう。その原因は体の作り方をまとめた設計図の役割をする「遺伝子」にあります。色素細胞の元になる細胞は2つに分かれる分裂をくり返して数を増やしますが、遺伝子に傷がつくと、この細胞が分裂できなくなることがあります。そうすると、やがて細胞自体がなくなってしまうのです。

遺伝子が傷つく原因はいくつかあります。大きいのは、年をとるにつれて細胞が今までに分裂した回数が増えて、傷ができやすくなることです。これ以外の影響も指摘されていて、例えば、喫煙が影響するといわれています。睡眠不足やかたよった食生活など生活習慣が悪いことや、糖尿病みたいな病気でも影響を受けやすくなるという説があります。ただ、くわしい影響はまだよく分かっていません。

若くても白髪になることはあります。病気などが原因で、細胞が働かなくなってしまうことがあるのです。でもしばらくして色素細胞の元になる細胞の働きが戻ると、また色のついた髪が生えてきます。親が若い時から白髪だからといって、子どももそうなるとは限りません。親か

メラニンが少なくなって白髪になる

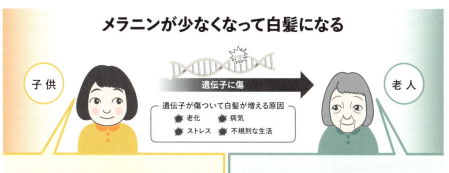

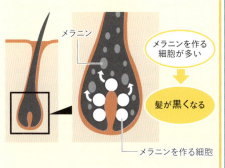

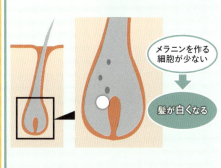

白髪染めの仕組み

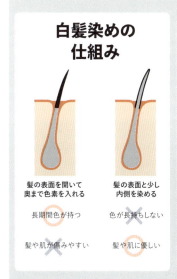

メラニンの種類や量が違うと髪色が変わる

ら引きつぐ特定の遺伝子が関わっているかは、まだ分かっていません。

海藻を食べれば髪が黒くなるという話を聞いたことがあるかもしれません。だけど、特定の食べ物で黒くなるものはまだ見つかっていないんです。白髪を気にして抜いている人もいるかもしれませんが、色素細胞がなければ黒い髪は生えてこないのです。

白髪を染めてかくそうとする人もいます。こうした白髪染めというものには2種類の方法があります。1つは髪の毛の表面を少し開いて、黒や茶などの色素を髪の内側の深くまで染み込ませる方法です。色が長持ちするけど、髪を傷つけやすくなります。もう1つは髪の表面だけを染める方法で、色は長続きしませんが髪をいためにくいのが特徴です。

もし、色素細胞の元になる細胞が減るのを食い止めたり、働きを高めたりすることができれば、白髪になるのを防げるかもしれません。ただ今のところ、そうした薬はまだ開発されていません。

博士からひとこと

抜け毛にも幹細胞が関与

白髪以外にも加齢によって起こる髪の変化には抜け毛がある。抜け毛にも細胞を作る元になる細胞「幹細胞」が関係する。若いころは「毛包幹細胞」がたくさんあり、ここからすぐに新しい髪の毛を作る細胞ができる。だが加齢とともに毛包幹細胞は少なくなり、髪の毛が作られなくなる。老人性脱毛症といわれるもので、60歳くらいから毛包幹細胞は少なくなるとされている。20代から進行する男性型脱毛症や、40代くらいから女性に起こる女性型脱毛症はホルモンなど別の原因で起こる。

老人性脱毛症の有効な治療薬はまだない。毛包幹細胞の働きを高めたり、毛包幹細胞の足場となるたんぱく質を増やしたりして、髪の毛を減りにくくする研究が進んでいる。さらに、細胞を作り出す再生医療を目指した取り組みもある。理化学研究所などは皮ふの細胞から毛包を大量に作る技術を開発した。ただ、まだ基礎研究の段階だ。

話を聞いた人　東京大学医科学研究所の西村栄美教授

Part 2
地球・宇宙のギモン

流れ星がすぐ消えちゃうのはなぜ?

山にキャンプに行って夜空をながめていたら、流れ星が見えたよ。キラッと光ってきれいだった。ふつうの星はずっと光っているのに、流れ星はあっという間に消えちゃうよね。何が光っているのかな。

宇宙をただよう粒が燃えつきるんだ

　砂粒くらいの直径1ミリメートルから、小石くらいの数センチメートルの大きさの粒やかけらが、秒速10〜数十キロメートルというものすごい速さで地球に飛びこんできます。秒速というのは1秒間に進む速さのことです。秒速10キロだと1分間では600キロ進むので、東京からは大阪より遠くまで行けちゃう計算になります。とにかく、ものすごく速いってことです。

　地球に飛びこんできた粒は空気とはげしくぶつかって、とても熱くなります。高温になると、粒やまわりの空気が光って見えるのです。
　地上から100キロくらいの高さで光る様子が、私たちには流れ星として見えています。0.5秒くらい光って、すぐ燃えつきてしまうことが多いです。流れ星が消える前に、ねがいごとを3回唱えるのはなかなか難しいですね。

粒が大きくて速いほど、明るく光って見えます。特に明るいものを火球といいます。数十センチ以上の大きなかけらになると、燃えつきずに地上まで落ちてきて隕石になることもあります。

逆に1ミリよりも小さな粒は光らずに、ゆっくりと落ちてきます。2週間くらいかけて地上に積もるといわれています。そのへんの砂ぼこりにも、地球の外から来た粒が混ざっているのかもしれません。

宇宙空間をただよって地球に飛びこんでくる粒やかけらの多くは、すい星や小惑星がまき散らしたものです。

すい星はほうき星ともいわれます。大きな氷のかたまりにちりが混ざったもので、例えていえば「よごれた雪だるま」みたいなものです。すい星が太陽の周りを回っているうちに太陽に近づくと、熱せられてガスやちりを出します。ほうきのように見える「尾」は、ガスやちりなのです。

すい星が何度も太陽の周りを回っていると、その通り道にはちりがたくさんたまって帯のようになります。そのちりの帯を地球が通過するとき、たくさんのちりが地球に飛びこんできて、流れ星もたくさん見えます。これが流星群の仕組みです。

地球は1年かけて太陽の周りを1周し、ちりの帯の場所はそれぞれ決まっています。つまり、1年の中で地球がちりの帯を通過する時期はだいたい決まっていて、その時期に流星群が見られるわけです。

1月の「しぶんぎ座流星群」、8月の「ペルセウス座流星群」、12月の「ふたご座流星群」は特に多くの流れ星が見られるので、三大流星群と呼ばれています。

地上からだと流星群は、星空のある1点から四方八方に流れるように見えます。その中心になる位置の星座の名前が流星群に付いています。

例えば、ペルセウス座流星群の時期なら、ペルセウス座のあたりから広がるような流星群が見られます。ペルセウス座の星から流れ星がやってくるわけではありません。ペルセウス座流星群は「スイフト・タットルすい星」が作ったちりの帯が流れ星のもとになっています。

流星群を見るには、ピークの日

流れ星(流星群)のしくみ

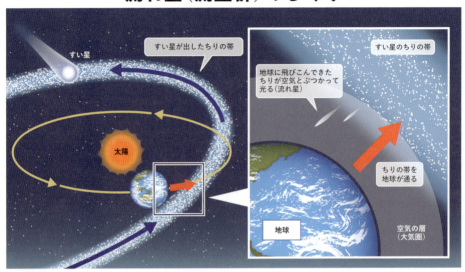

2016年8月に撮影されたペルセウス座流星群(星空と流星の写真を合成)
=国立天文台提供

流星群の見え方
(ペルセウス座流星群の場合)

時をあらかじめ調べておくとよいでしょう。それぞれの流星群の時期が近づくと、たくさん流れ星が見られると予想されるピークの日時が発表されます。

日時に合わせて、街の明かりが少ない暗い場所で夜空をながめると見やすくなります。寝ころがり、夜空を視界いっぱいに入れてながめるのがコツです。ただ、ピークの日に満月が重なると、月明かりで見えにくくなってしまいます。

最近では、好きなときに好きな場所の夜空に、流れ星を人工的に流そうという計画もあります。宇宙に打ち上げておいた人工衛星から流れ星のもとになる粒を飛ばして、光らせようとしているのです。ALEという会社が計画を進めています。将来は、花火大会みたいに人工流れ星を見るイベントもできるかもしれません。

博士からひとこと

ちり、生命誕生のきっかけ？

宇宙空間をただよう「ちり」は私たち人間をふくむ地球の生命とも関係しているかもしれない。流れ星にならない細かなちりは、燃えつきないで1年間で約2500トンが地上まで落ちてきているといわれている。ちりの物質が太古の地球で生命が生まれるきっかけになったと考える研究者もいるんだ。

ちりの正体を探る方法の一つは、流れ星の観測だ。2019年春までの約3年間、地上からではなく、宇宙から流れ星を観測する研究が行われた。高度約400キロメートルを周回する「国際宇宙ステーション」にビデオカメラを取り付け、地球にちりが飛びこんで流れ星になる様子を見下ろして観測した。ちりの大きさや成分の手がかりになるデータを集めた。

ふたご座流星群のもとになるちりを出している小惑星「フェートン」を目指す新しい探査機の計画も進んでいる。宇宙空間で、地球に飛びこむ前のちりの成分や動きを直接調べようとしている。

話を聞いた人　千葉工業大学の荒井朋子主席研究員（取材当時）

月のうさぎの正体はなに?

中秋の名月には、きれいなお月さまが見れるね。
お月さまは他の星と違って
うさぎみたいな模様が見えるけれど、どうしてだろう。

地面の岩石の違いで白黒模様ができるんだ

　日本で本格的なお月見が始まったのは平安時代だといわれています。中秋の名月は旧暦の8月15日に月をながめる行事です。今のこよみと日にちが違うため、年ごとに違う日になっているのです。昔はサトイモを供えるならわしがあったことから「いも名月」とも呼びます。
　中秋の名月に月が見えなくても大丈夫。次のチャンスは旧暦の9月13日です。中秋の名月から約1カ月後の満月の直前で「栗名月」と呼びます。ちょうど栗の最盛期にあたるから、こう呼ばれます。
　月は明るく白いところが目立つけれど、黒い模様がうさぎの形をつくっています。地面に含まれる岩石の違いによって、月には大きく白と黒の2つの場所ができているのです。
　白い部分は「高地」、黒い模様のところは「海」と呼びます。海には地球の太平洋や大西洋と同じように

嵐の大洋、豊かの海、危難の海と色々な名前がつけられています。

地球のように海水でいっぱいの海があるわけではありません。昔の人は地球みたいな海があると思っていたのかもしれません。

海の表面はなめらかです。「玄武岩」という岩石で、富士山と地質が似ています。

何十億年も昔、もともと月は白い高地だけだったと考えられています。そこに、とても大きな隕石が宇宙から降ってきて衝突し、クレーターという巨大な穴ができました。

それから長い時間がたち、地面からマグマが噴き出しました。隕石がぶつかってから1億〜十数億年も後に地面の中で化学反応が起きた結果です。ハワイの火山からマグマが噴き出す様子を写真や映像で見たことがありますか。あれと同じイメージです。

赤いマグマはやがて冷えて、クレーターを覆って固まり、できた玄武岩がうさぎの黒い模様になったのです。月の模様をよく見ると、黒い円のような形が何個も集まってできています。大きな隕石がたくさんぶつかった証拠です。

白い高地はごつごつした山のようで「斜長岩」という岩石でできています。あまりなじみがないかもしれませんが、墓石に含まれる白っぽい成分に近いです。

月はいつも、うさぎの模様がある側を地球に向けています。このうち海の面積は30パーセントくらい。ふだんは見えない裏側は海が2パーセントだけです。ほとんどが高地なので、全体が白っぽくなっています。どうして月の表と裏の顔がこんなに違うかは、月の最大の謎の一つです。

もう一つ大きな謎があります。そもそも月がどうやってできたのか。地球に別の巨大な天体がぶつかってできたという有力な話のほかに、いくつかの仮説がありますが、確実な証拠は見つかっていません。

月については、1960年代に始まった米国の「アポロ計画」をきっかけによく分かるようになりました。69年にはアポロ11号で人類が初めて月面に降り立ちました。2000年代には日本の「かぐや」も活躍しました。50年以上調査が進んでいますが、まだ分からないことも多くあります。

その理由にも、海と高地が関係し

うさぎができるまで

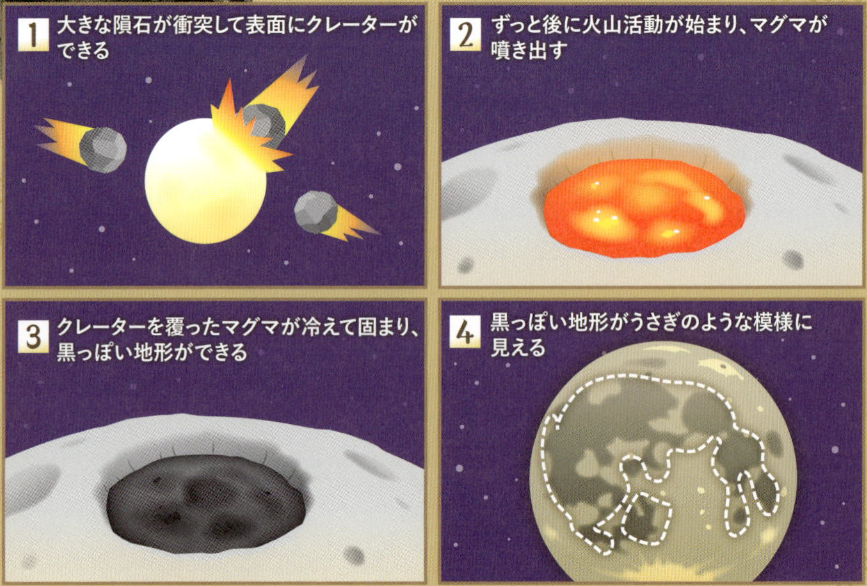

1 大きな隕石が衝突して表面にクレーターができる

2 ずっと後に火山活動が始まり、マグマが噴き出す

3 クレーターを覆ったマグマが冷えて固まり、黒っぽい地形ができる

4 黒っぽい地形がうさぎのような模様に見える

黒い部分は「海」　玄武岩

- なめらかで平らな地形
- ひかくてき新しい場所
- 富士山と似た地質

白い部分は「高地」　斜長岩

- 山脈のようにゴツゴツしている
- 古くから月にある場所
- 墓石に含まれる白っぽい成分に近い

月の写真はNASA/Goddard Space Flight Center/Arizona State University提供。玄武岩と斜長岩の写真は立命館大学の佐伯和人教授提供

ています。これまで人間や月を調べる探査機が着陸したのはほとんどが海の方です。地面がなめらかな方が着地しやすいからです。海より昔からある高地をよりくわしく調べられるようになれば、謎ももっと解けていくかもしれません。

今は月に行こうとする計画が世界中で盛り上がっています。日本でもそうです。月に色々な岩石があるのはもう分かりましたね。その中に含まれているものを使えば、人間が住む建物やロケットの材料にできるかもしれません。

地球みたいな海はなくても水があるかもしれないと言われています。飲み水やロケットの燃料にもなるととても重要なものです。月に行くだけではなく、月にあるものを使って基地をつくり、もっと宇宙の遠くをめざすアイデアが出ています。そのためにも、月をもっと調べなければと世界中の科学者が研究しています。

月に行くのは難しいけれど、月を眺めながら宇宙の謎について考えるのも楽しそうですね。

Part 2 地球・宇宙のギモン

博士からひとこと

カニやライオン、ワニも…

満月が見えたら、まずは月をながめ、模様を見えた通りにスケッチしてみよう。次に手元に月の大きな写真を置いて、海やクレーターもしっかりと描いてみよう。

それが終わったら月をもう一度見てみる。最初と比べたら、おどろくほど月の模様がはっきり見えているはずだ。

最後にもう一度、月を眺めて描いてみよう。最初とはぜんぜん違う姿になっていると思うよ。前よりも月をちゃんと観察できている、ということだ。

科学で観察とスケッチはとても重要だ。ぼんやり目に映るものを、はっきりと見られるようにする狙いがある。スケッチは観察の目を育てることを感じてもらいたい。

海外では、月の模様をうさぎではなくカニやライオン、ワニに例える国もあるんだ。うさぎが見えなくても、よく観察した月の姿を心に焼き付けておこう。全く同じ月は、一生に一度しか見られないからね。

話を聞いた人　立命館大学の佐伯和人教授

星までの距離はどうして分かるの？

夜空を眺めていたら、オリオン座がキラキラ光っていてきれいだったよ。お父さんに聞いたら、星は地球から光の速さで何百年も進んだところにあって、計算すれば距離も分かるんだって。でも行ったこともないのに、なぜ距離が分かるのかな。

異なる場所で観察し、見える方向の変化から距離を測るんだ

　光は1秒で地球7周半分も進むから、100年もあればかなり遠い場所まで行けます。光が1年で進む長さが1光年で、9兆5000億キロメートルにもなります。これが星との距離をあらわす単位としてよく使われます。

　数え切れないほどの星がある中で、太陽のように自分で輝く星を恒星と呼びます。恒星と地球の間の距離を測るのが一般的です。太陽から一番近い恒星はケンタウルス座のアルファ星。地球から4.2光年の距離にあります。

　近いといっても、地球との距離をまき尺で測るわけにはいきません。そこで、離れている違う場所から星を観察し、星の見える方向などから距離を計算する方法が使われます。この方法は、地上で離れた場所の距離を測るための「三角測量」と似ています。

　電車の窓から外を眺めると近くの

建物はすぐに通り過ぎますが、遠くの山などはなかなか動きません。原理はこれと同じです。見る位置が変わったとき、近くのものほど見える角度が大きく変わります。これを利用し、星との距離を計算します。

ただ、同じ季節に2つの地点から観測しても、星は遠いので見え方はさほど変わりません。だから観察の時期を変えることで見える方向を変えるのです。

地球は太陽のまわりを1年かけて回ります。例えば夏と冬では、地球上では同じ地点でも、宇宙空間では太陽をはさんで3億キロも離れたことになります。これだけ場所がちがうと、星の見える角度が変わってくるのです。

星を1年間観察し続けると、その星が楕円の軌道を描いて動くことが分かります。楕円の大きさをもとに、2つの位置から星をみたときの角度の差が分かります。ただ、この差はとても小さくて、例えば約11光年離れた「はくちょう座61番星」では約1万分の1度しかありません。

この差を初めて測ったのがドイツのベッセルという科学者で、今から約200年前に測ったとされています。この方法なら、地球から1万光年くらいまでの距離を求めることができます。

ただ、地球がある銀河系（天の川銀河）の直径は10万光年くらいあります。さらに遠い星との距離を測るには、星の明るさを利用した方法を使います。

星の色は青の方が赤よりも温度が高くて明るいです。ただ、実際は明るい星でも地球から遠いと暗く見えます。夜中に遠くに見る街灯は暗いけど、近くで見ると明るいのと同じです。星の色から実際の明るさはすでに分かっているので、見かけの明るさとの差をもとに距離が推定できます。特別な数式に当てはめるのです。

銀河系の外にある、さらに遠いほかの銀河との距離も分かります。例えば、ふくらんだり縮んだりして明るさを変える脈動変光星という星が遠くにありますが、この星の大きさが変わる周期と明るさには関係があると知られています。その関係から分かる実際の明るさと、見かけの明るさの違いから距離を求めます。

星が一生を終えるときの超新星

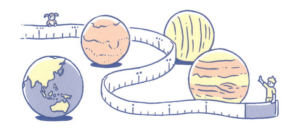

爆発をもとにする方法もあります。星の種類によっては、爆発時の実際の明るさが推定できて、暗くなる速度も分かります。見かけの明るさが暗いほど距離が遠いから、計算で割り出すのです。

10億光年以上も離れた遠い銀河との距離は、宇宙がどんどんふくらむ現象を利用するという特別な方法で測ります。

宇宙が膨張を続けるせいで、遠い星ほど速く地球から遠ざかっていると考えられています。遠ざかると暗くなるとともに、星が出す光の色も変わるのです。

救急車が道路を通るとき、自分から離れていくにつれて音の高さが変わります。音が波の性質を持っていて、救急車が動くことで波の長さが変わるからです。光にも波の性質があり、とても速く動くものが出す光は、波の長さがのびて色が変わります。そこから星の速度が分かり、地球からの距離が分かります。

博士からひとこと

距離から地球の起源を探る

地球から星までの距離からいろいろなことが分かる。将来、地球がどこからやってきたか明らかになるかもしれない。地球など天体の集団である太陽系は、銀河系の中にある。今は銀河系の中心から少し離れているけど、かつてはもっと中心近くにあったと考えられている。中心部の星と地球との距離が分かれば、大昔に太陽系がどこにあったか分かる。

だけど、銀河系の中心部は強い光を発していて、まわりを漂うガスが観測の邪魔になって、くわしく距離が測れない。そこで、国立天文台などは観測衛星「ジャスミン」の打ち上げを計画している。地球の周りから、測りたい星の見える方向を1年間測り続け、距離を求める。赤外線をとらえるので、光やガスに妨げられず観測できるんだ。

大きな重力を持つ星はお互いに力を加え合って動くから、地球からの距離をもとに星の位置が分かれば、コンピューターで過去に太陽系がどこにあったのかも推定できるよ。

話を聞いた人 国立天文台の郷田直輝教授

太陽はどうして光るの？

日の光は暖かくてまぶしいね。
太陽は燃えているようにも思えるけど、どうなっているのかな。
燃えつきることなく、ずっと燃えているのかな。

核融合という現象が起こり光るんだ

太陽は燃えているように見えますか。身の回りで見る例えば台所のコンロの火は、ガスと空気中の酸素が燃えています。地球上では酸素が燃えるのにかかわりますが、太陽のような宇宙にある大きな天体では別の仕組みが起きているのです。

太陽は地球とは違って地面がありません。水素などのガスが集まったものです。それが大量に集まり、直径が地球の約110倍にもなる大きな星になっています。そうした大きなガスの星では、ものすごく高い温度と大きな圧力がかかる場所でしか起こらない「核融合」という特殊な現象が起こります。これが光る原因です。

世の中にあるいろいろな物は原子というものでできています。核融合では、その一つの水素が4つ合体してヘリウムというものが1つできます。このときに大量の熱や光を出す

のです。太陽の深いところにある中心核（コア）では、温度はセ氏1000万度以上もあり、圧力は地球の地上でうける気圧の2000億倍以上にもなります。だから地球ではまず見ない現象なのです。

太陽の中心核から出た光は表面を通って外に出ていきます。太陽の半径は約70万キロメートルあります。光の速さは秒速30万キロメートルなので、単純に計算すると約2秒で表面に達しそうですが、実際には約100万年もかかっています。太陽の中はガスの密度が高く、光がガスの成分にぶつかってまっすぐ進めなくて出てこれないからです。今こうして見ている光は約100万年も前に太陽の中で生まれた光なのです。

太陽はいつまで輝き続けるのでしょう。太陽は光るために、1秒間に7000億キログラムもの水素を使っていると考えられています。このペースだと、太陽が水素を使い切るまでには50億年ほどかかる計算になります。今から心配する必要はなさそうです。

地球のある太陽系で自ら光る星は太陽だけです。こうした星を恒星と呼びます。地球のように恒星の周りを回る星を、惑星といいます。そして月のように惑星の周りを回るのが、衛星です。太陽系にある惑星で一番大きい木星は数十倍重ければ中心部の温度が高くなり、核融合が起きた可能性があるといわれています。

宇宙には恒星が無数にあります。望遠鏡で見ると光の色に違いがあります。これには表面の温度が関係しています。温度が低いと赤く見え、高くなるほど黄色、白、青へと変わるのです。

例えば、オリオン座にある星、ベテルギウスは赤く見えます。その表面温度はセ氏約3000度です。おおいぬ座のシリウスは白っぽく、表面温度は同約1万度もあります。太陽の表面温度は同約6000度なので緑色の光が一番強いです。ただ、太陽はさまざまな色の光を出していて、それが混ざり白色に見えるのです。

地上から肉眼では見えないけれど、太陽ではさまざまなことが起きています。例えば、表面には黒く見える「黒点」と呼ばれるものがあります。温度が同約3000度しかなく暗く見えます。実は太陽は一定のリ

Part 2 地球・宇宙のギモン

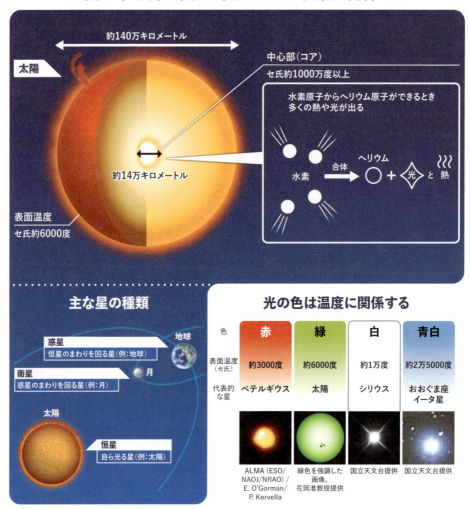

ズムで活動していて、約11年の周期で黒点が増えたり減ったりしています。活動が活発になると黒点が増えるのです。2024年はここ数十年で最多の黒点が観測されました。逆に黒点がほとんど見えない時期もあります。

活動が活発になるとどうなるのでしょう。太陽には磁石としての力、磁力があります。その磁力が強い場所が黒点です。つまり太陽の活動が活発になって磁力が強まると、大きな黒点が太陽の表面に現れてきます。太陽表面では「フレア」と呼ばれる爆発現象も起きています。これも磁力の影響です。これは人工衛星や無線通信に悪影響をおよぼすこともあります。

太陽の表面から炎が吹き上がる「プロミネンス」と呼ばれる現象も起こります。太陽が月のかげにかくれる「皆既日食」のときに、太陽の周囲に立ち上るように見えるものです。太陽のこうしたさまざまな活動を探ろうと、今でも世界各地で観測されています。

博士からひとこと

黒点の観測記録、400年前から

黒点の観測記録は約400年前からある。それよりも前については、古い木の年輪を分析すると調べることができる。太陽の活動によって、宇宙から地球にふりそそぐ「宇宙線」という放射線の量が変わる。宇宙線は地球の空気と反応する性質があり、その空気を木が取り込むと、そのあとが年輪に残るためだ。こうして昔の太陽の活動を調べることができる。

黒点の数など太陽活動の変化と地球の気候の関係を探る研究もある。江戸時代にあたる1650〜1700年ごろは黒点がとても少なく、ヨーロッパでは寒い時期だったことが知られている。ただ、まだはっきりした関係は分かっていない。

国立天文台では太陽の磁力の観測を続けている。ただ日本から観測できる時間は限られる。そこで世界中に観測点を増やし、太陽表面の爆発現象の前兆をとらえようとする観測計画が進んでいる。

話を聞いた人　国立天文台の花岡庸一郎准教授

夜空にカーテン オーロラはなぜできるの?

フィンランドにあるサンタクロースの村では夜空が明るく光るオーロラが見えるんだって。
図鑑で見たら光のカーテンみたいだった。いつか見てみたいな。
不思議な現象だけど、どうして起こるの?

太陽から出る粒が大気とぶつかって光るよ

緑や紫、黄と夜空にゆらゆらと輝くオーロラはとてもきれいです。オーロラが見えるのは、太陽が関係しています。

太陽からは「太陽風」が地球に吹きつけています。「風」といっても、いわゆるビュービュー吹く風とは違います。太陽の表面で大きな爆発が起こったときに電気を持った粒が飛び出し、風のように地球に向かって流れてくるため「太陽風」と呼ばれます。

この粒がオーロラのもとになります。こうした粒が地球上空で大気中の酸素や窒素にぶつかると、酸素や窒素はエネルギーを受け取ります。人でいえば、興奮状態になることです。でもふだんの自分と違ってちょっと落ち着かないから、しだいにもとの自分に戻ろうとします。冷静になるときに余計なエネルギーが光に変わります。窒素は青や紫、赤、酸素は緑や黄、赤の色の光を出しま

す。これらの光が輝いて、オーロラになっているのです。

　この現象は空気が薄いところでしか起こりません。オーロラは上空100キロメートルから300キロメートルあたりで光っています。飛行機がだいたい10キロメートルあたりを飛びますから、もっと上になります。

　よく見える地域は、カナダや北欧など、北極や南極に近いところです。これは地球から出ている「磁力線」がかかわっています。地球が大きな磁石になっており、磁石のまわりに砂鉄をふりかけると、砂鉄が線を描いたような模様を作ります。これが磁力線です。磁石と同じように地球でもS極（北極側）とN極（南極側）があります。北極と南極を磁力線が結んでいるのです。

　太陽からやってきた粒は地球を取りまく磁力線を横切れません。北極や南極のまわりでは、磁力線は地球に対してほぼ垂直になっています。粒は磁力線に沿って北極や南極に回り込み、地球の上空に入ってこれます。その時に光るため、北極や南極の近くでよく見ることができます。

　オーロラは昼間でも光っています。でも、まわりが明るすぎて、よく見えないのです。夜などに明るく見えるときも、満月の10分の1から100分の1の明るさしかありません。曇っていたらあきらめましょう。時間帯や季節、場所、その日の天気などによって見え方は変わってきます。急に爆発したように明るく光り出すときもあります。太陽風の状態が影響しているのです。

　オーロラを見るなら、北半球の北極周辺が行きやすいです。カナダやアラスカ、北欧などが有名です。オーロラが現れる地域を結ぶと、ドーナツの形に広がっています。南半球でも見えますが、オーロラがよく現れるのは南極大陸ですから行くのが大変です。

　海外へオーロラを見に行っても、いつ明るく輝くのかがわからないと、ずっと待つはめになってしまいます。空振りもあります。あらかじめ情報を集めておきたいですね。

　太陽風の強さや磁力の向きをインターネットで公開するサービスがあります。当日の天気や太陽の活動との関係もありますが、条件が良ければ、きっと美しいオーロラが見えるはずです。

オーロラのしくみ

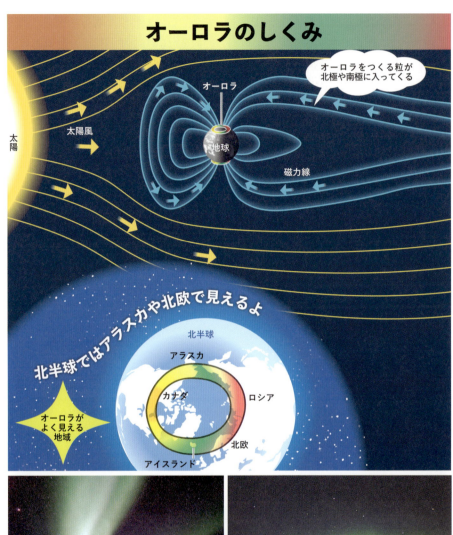

オーロラをつくる粒が北極や南極に入ってくる

太陽 / 太陽風 / オーロラ / 地球 / 磁力線

北半球ではアラスカや北欧で見えるよ

北半球 / アラスカ / カナダ / ロシア / 北欧 / アイスランド / オーロラがよく見える地域

南極でも見える。右下は昭和基地
国立極地研究所の田中良昌特任准教授(取材当時)提供

北極圏の夜空を彩るオーロラ

2024年8月13日北海道北見市にて観測されたオーロラ　　　KAGAYA提供

 **博士からひとこと**

日本でも観察できることも

　太陽の活動が活発になると、オーロラが出やすい。太陽は11年周期で、活動を強めたり弱めたりする。いまはちょうど活動が活発化している時期に当たる。逆に活動が活発にならないとオーロラが出ないかというと、そうではない。活動が静かなときも太陽風は出ているためだ。

　太陽が盛んに活動しているときは、表面で巨大な爆発が起こることがある。勢いのある太陽風が噴き出して嵐のようになり、普段はシベリアなどに出ているオーロラが南下してくる。2024年には北海道でも複数回オーロラが観察できた。

話を聞いた人　国立極地研究所の田中良昌特任准教授(取材当時)

人工衛星はなぜ落ちてこないの？

新しい人工衛星の打ち上げが話題になることも多いね。
どうして人工衛星って
地球を回っているうちに落ちてこないの？

スピードで得た遠心力、それが引力を打ち消すんだ

人工衛星は、とても速い速度で地球の周りを飛んでいるから落ちてきません。外に飛びだそうとする遠心力と地球に向かう引力がちょうどつりあい、ずっと地球のそばにいます。

人工衛星をボールと考えて投げたとしましょう。普通に投げたボールはすぐに地面に落ちますが、もっと速いボールを投げると落ちる場所が遠くになります。

さらに速く投げると、ずっと遠くまで落ちずにいきます。少しは落ちたとしても地球は丸いですからどこまでも地面につかず、地球を一周してしまいます。このときの速さ（秒速）は1秒間で7.9キロメートル進む速度で、新幹線の約100倍にもなります。秒速11.2キロメートルを超えると、ボールは地球から離れて遠い宇宙空間に飛んでいってしまいます。

地上では空気が邪魔をしてボール

の速度がすぐに下がってしまいます。この速度でボールが飛び続けるのはむずかしいのです。でも、上空の宇宙空間では空気がほとんどありませんから、人工衛星は飛び続けることができます。

人工衛星の打ち上げは、ロケットで高いところに持って行くだけでなく、ボールを投げるように勢いをつけてあげています。地上を離れたロケットは向きを変えて、人工衛星の通り道となる「軌道」のそばで人工衛星を押し出します。

人工衛星は飛ぶ軌道によって、いくつかの種類があります。気象衛星「ひまわり9号」のような衛星は、上空の同じ場所にとどまっています。いつも日本の天気を見守っていたいからです。こうした人工衛星を「静止衛星」と呼び、その場所を「静止軌道」といいます。

静止衛星は、ほんとうは上空の同じ場所にいるように見えるだけで、そこに止まっているわけではありません。動かないのに、飛んでいるなんてなんだか不思議ですね。

この人工衛星は、地球の赤道上から3万6000キロメートル離れた上空を24時間かけて地球の周りを回っています。地球が自分で回る速さと同じです。2人でかけっこをすると、同じ速さだとずっと隣同士ということになります。静止衛星も地球と同じ速さで飛ぶので、上空の同じ場所に見えます。

静止軌道には、ひとつの場所にとどまって働く気象衛星や通信衛星がたくさん集まっています。衛星の飛ぶ高さが地球に近くなると、1日より短い時間で地球を1周してしまいます。

ほかにも変わった飛び方をする人工衛星があります。北極から南極にかけての上空を飛ぶ人工衛星を説明してみましょう。南北の方向に地球をぐるぐると回ります。

この人工衛星が南北を行き来するあいだに地球は東西方向に移動していますから、地球のあちこちをまんべんなく撮影するのに便利ということになります。

人工衛星は何周も地球の周りを回っているうちに、通り道が少しずつずれます。小型エンジンなどを使って、うまく修正しています。

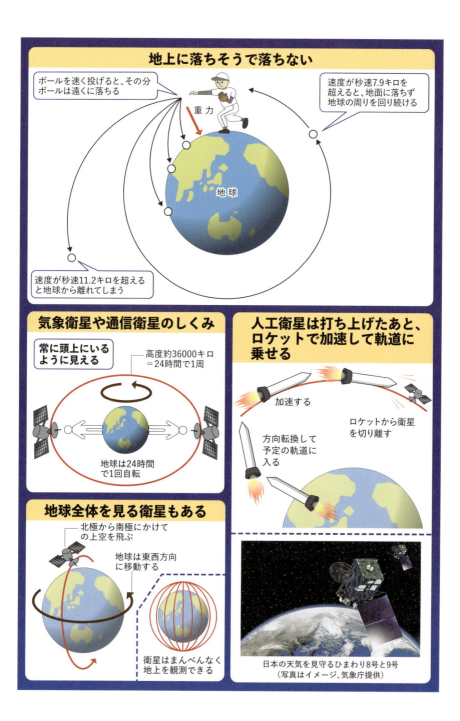

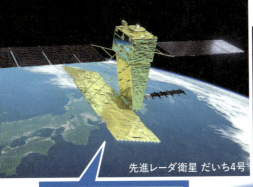
先進レーダ衛星 だいち4号

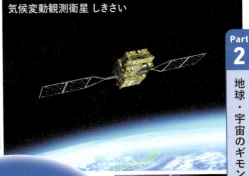
気候変動観測衛星 しきさい

Part 2 地球・宇宙のギモン

宇宙で活躍する日本の人工衛星

衛星写真はイメージ　JAXA提供

だいち4号をのせた
H3ロケット3号機打ち上げの様子

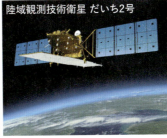
陸域観測技術衛星 だいち2号

X線分光撮像衛星 XRISM

博士からひとこと

26年観測続けた衛星も

　世界で初めての衛星は、旧ソ連が1957年に打ち上げた「スプートニク」だ。直径はわずか60センチたらずで、宇宙空間で電波に関する科学実験をするのに使われた。それから10年あまりして、1970年には日本も初めての衛星「おおすみ」を打ち上げた。

　当時はまだ宇宙空間で安定して動く電子機器を作るのが難しく、地球を6度回ったところで信号が届かなくなってしまった。

　衛星の改良は進み、性能がぐんと上がってきている。例えば、1989年に打ち上げられた磁気圏観測衛星の「あけぼの」は、2015年までの26年間、ずっと観測を続けた。

話を聞いた機関　宇宙航空研究開発機構（JAXA）

小惑星の砂で生命の起源が分かるの？

探査機「はやぶさ2」が宇宙から持ち帰った砂から、いろいろな発見が続いていると聞いたよ。大昔に地球で生き物が誕生したきっかけに迫れるかもしれないんだって。でも生命について知るために宇宙の砂を調べるのはなぜ？

砂に地球ができた時の物質が残っている可能性があるんだ

　わたしたち人間もふくめて地球の生き物は最初にどこで、どのようにして生まれたのだろう。不思議ですね。現代の科学でもわからないことが多くあります。

　地球で生まれたと思うかもしれません。一方で、宇宙の他の星にある材料が隕石などとともに地球にやってきたという考えもあります。

　はやぶさ2が行ったのは小惑星「リュウグウ」です。おとぎ話の浦島太郎に出てくる竜宮城にちなんで付けた名前です。

　宇宙航空研究開発機構（JAXA）のはやぶさ2が2019年、リュウグウに着陸し、そこにあった砂などを採取して2020年に地球へ届けたのは知っていますか。まるで、浦島太郎が竜宮城から玉手箱をたずさえてくるお話みたいですね。

　持ち帰った砂は、世界の研究者によって協力して色々調べられ、砂の

中にふくまれている物質に関するくわしい分析結果が発表されました。

みんなが注目したのは、わたしたちの体をつくるたんぱく質の材料である「アミノ酸」という物質や水が見つかったことです。アミノ酸や水は生命にとって欠かせません。それらが、リュウグウの砂に含まれていたことで、宇宙にも生命の材料があるかもしれないと示しました。

生命の始まりについて知るために、世界中で地球のことをたくさん調べています。もちろん大切なことですが、それだけで十分とは言えないのも事実です。

宇宙の中でも地球がある太陽系ができたのは、今からおよそ46億年前といわれています。そして地球上に生命が誕生したのは、35億〜40億年前と考えられています。

太陽系や生命の始まりに迫るには、大昔の地球にどんな物質があったかを調べる必要がありますが、簡単ではありません。今の地球はできた時と同じ姿をしていないからです。

何十億年もの間に、高温のマグマの活動で地球の内部や表面が溶けたり、巨大な火山活動や地殻変動が起きたりしました。空気や地球を包む大気の成分もずいぶん変わっていると考えられています。だから最初の生命の痕跡が残っているかどうか疑問に思う研究者も多くいます。

でも生命の最初の材料は、太陽系の最初のころからあるかもしれません。別の星を調べて、大昔の太陽系について知る手がかりを得たいと考えた研究者もいました。

リュウグウは直径が900メートルほどしかありません。地球と違いマグマなどの活動がない小惑星に、46億年前に太陽系や地球ができた時の物質がそのまま残っているかもしれないと研究者たちは考えました。実際、リュウグウには太陽系が生まれたすぐ後の状態が残っていることが確かめられました。

隕石は地球に降ってくるまでの間に影響を受けたり、地上で汚れたりすることがあります。このため、リュウグウの砂には隕石よりも生命の始まりを知る手がかりがある可能性が高いとみられます。地球では見つからない「宝物」なのです。研究者も大切にしながら分析しています。

地球の生命の始まりに関する謎はまだたくさん残っています。確かに

リュウグウの砂からはアミノ酸や水も見つかりましたが、それが本当に地球上の生命につながるものなどはわかっていません。重要な手がかりなのは間違いないですが、「地球の生命の源は宇宙からやってきた」とまでは言えません。

小さな惑星に探査機を着陸させ、砂などを持ち帰る技術は世界でも日本が先駆者です。はやぶさ2というくらいだから初代はやぶさもありました。2010年に地球に帰ってきた初代はやぶさは、「イトカワ」という小惑星から砂を採ってきました。顕微鏡でしか見えないほどの小さな砂ではありましたが。これに対し、はやぶさ2の砂は5.4グラムあります。

アメリカ航空宇宙局（NASA）も「アメリカ版はやぶさ」とも呼ばれる探査機をつくり、2020年に「ベンヌ」という小惑星に着陸させました。採取した岩石は2023年9月に地球に持ち帰られました。

色々な小惑星を調べることで、生命の起源解明に少しでも近づければいいですね。

博士からひとこと

地球以外の生命体探しも

生命が最初にどこでどのように生まれたかは、人類が大昔から考え続けてきたテーマだよ。例えば、古代ギリシャの哲学者も万物の始まりが何かを追い求め続けてきた。現代では科学の力を使って宇宙にも対象を広げて謎に迫ろうとしているよ。

生命の始まりが宇宙にあるかもしれない、という仮説が最初に唱えられたのは18世紀の後半だ。観測技術が発達した19世紀後半〜20世紀に入ると、地球と同じ太陽系にある火星にも生命体がいるのではとの考えも出てきた。1976年にアメリカの「バイキング1号」が火星に着陸し本格的な探査に世界で初めて挑戦した。今はアメリカや中国などが生命の証拠を見つけようと競っている。

1992年に太陽系の外で初めて惑星が見つかり、これまでに5000個以上も発見されている。その中にも「生命がいるのではないか」といわれる星があるよ。地球以外での生命の発見は最先端の研究テーマなんだ。

話を聞いた機関　JAXAなど

夜空をいろどる天体ショー

秋の夜明けの月と紫金山・アトラス彗星(2024年)。
細い月の陰の部分の地球照が、肉眼で見るよりも明るく満月のように写っている。
新潟県で撮影。

KAGAYA提供

国際宇宙ステーションから撮影されたオーロラ（2024年）。

NASA

Part 3
陸の生き物のギモン

ゴキブリ退治に液体洗剤が効くのはなぜ？

夜にのどがかわいたから台所で水をのもうとしたら、大きなゴキブリが出てきちゃったよぉ。キャー。思わずそばにあった液体洗剤をかけたら、しばらくじたばたして死んじゃった。どうしてかな。

体の空気穴がふさがって窒息するんだ

ゴキブリに液体洗剤をかけると、最初はあばれるけど、すぐに動かなくなってしまいます。洗剤の中に何か毒のある成分が入っているように思ってしまいますが、それはまちがいです。

実は呼吸ができなくなって窒息して死んでいるのです。生物は生きていくために呼吸して、空気中の酸素を取りこみ、体の中にたまった二酸化炭素をはき出しています。

昆虫であるゴキブリは人間やイヌなどのほ乳類や鳥類、は虫類とは呼吸の仕組みがちがいます。人間は口や鼻から空気をすいこみ、空気は気管や気管支を通って肺のおくにある「肺ほう」と呼ぶ小さなふくろに届けます。肺ほうでは、毛細血管で血液に酸素を取り込み、不要な二酸化炭素を出します。

これに対し、昆虫は「気門」という小さな穴から空気を取り入れて

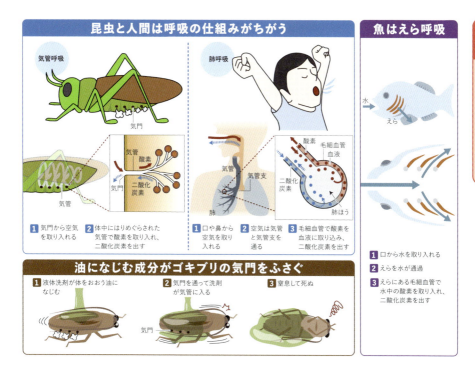

　います。バッタやセミ、チョウをつかまえて体の横をよく観察してみましょう。小さな穴がついているのに気づくと思います。これが気門です。気門はふつう昆虫の胸の部分の両側に2対、おなかの部分に8対ついています。気門は合計20あることになります。

　昆虫で肺にあたるのが「気管」です。気門からつながっている細い管で、昆虫の体じゅうにトンネルのようにはりめぐらされています。気門からすいこんだ空気中の酸素を体内に取り入れて二酸化炭素を出します。

　気門が水にぬれてふさがると、呼吸ができなくなって死んでしまいます。このため、多くの昆虫の体には気門のまわりに細かい毛がはえていて、水をはじいて気管に入らないようにしています。

　ゴキブリの場合は体の表面に油がついています。だから、ゴキブリは「アブラムシ」と呼ぶ地域もあるくらい油で光ってギラギラしています。水

をかけてもはじくから、ゴキブリは平気でいられます。

　洗剤はなぜ気門の中に入りこめるのでしょうか。これは洗剤に含まれる界面活性剤という物質がかかわっています。

　例えば、洗剤でお皿を洗うと、油よごれがきれいに落ちます。これは界面活性剤に水と油がくっつくようにする働きがあるからです。普通は水と油を混ぜても、しばらくすると2つの層に分かれてしまいますが、洗剤を入れてかきまわすと白くにごった液体になります。水と油が混ざったからです。

　ゴキブリの気門から入った洗剤は気管の中まで広がってしまい、空気が取り込めなくなります。ゴキブリは気門がいくつかふさがっても、他の気門から空気を取り入れて呼吸ができます。でも、洗剤が体全体にかかると、気門がすべてふさがってしまうので、ゴキブリは窒息してしまいます。

　洗剤でなくても油となじみやすい液体をかければ、ゴキブリは気門がふさがってしまい、呼吸ができなくなり死にます。サラダ油やオリーブ油といった食用油、化粧品の乳液をかけても同じ結果になります。ゴキブリが死ぬのは不思議に思えるけど、ちゃんとした理由があります。

博士からひとこと

赤くない血　呼吸が影響

　ゴキブリをつぶしたときに赤い血が流れないのを見て不思議に思ったことはないかな。昆虫の体にも血は流れているけど、ふつうは無色、うすい緑色や黄色をしている。実は、昆虫の血が赤くないのは呼吸の仕組みと関係している。

　ほ乳類や鳥類、魚類は切ると赤い血が出る。ヘビやトカゲなどのは虫類の血も赤い。血液の中に「赤血球」があるからだ。赤血球が肺で取りこんだ酸素を体じゅうの細胞に運ぶ。昆虫は気管がはりめぐらされているため、空気中の酸素が全身の細胞に直接届く。赤血球を必要としていないんだ。

話を聞いた人　東京農業大学の長島孝行教授(取材当時)
　　　　　　　　高知大学の原田哲夫教授

なぜ虫は夜、光に集まるの？

Part 3 陸の生き物のギモン

田舎の親戚の家へ遊びに行く計画を立てているよ。
虫捕りも楽しみの一つ。
夜になると電灯や自動販売機に集まってくる虫を一緒に探すんだ。
でも、どうして虫は明かりに集まってくるのだろう？

虫は勘違いしているようだよ

「飛んで火に入る夏の虫」ということわざもあるように、ともしびのような明るい光に虫が集まる現象は昔から知られていたようです。光に反応して動物が一定の方向へと動く性質のことを「走光性」といいます。光に近づく場合は「正の走光性」、逆に光から遠ざかる場合は「負の走光性」といいます。正はプラス、負はマイナスという意味です。

虫が明かりに集まるのは、正の走光性です。夜に活動する夜行性のガの仲間のほか、カメムシやカブトムシなど、多くの種類の昆虫に見られる性質だといわれています。

実は昆虫の走光性についてはまだよく分かってないことも多くあります。今は大きく3つの有力な説があります。どれか1つが正しいというよりも、虫の種類などによって当てはまる説明がそれぞれ違うと考えられています。

3つの説に共通するのは、昆虫は「勘違い」によって光に集まる、あるいは「光に集まってくるように見える」ということです。順に説明していきましょう。

　1つめは、昆虫には開けた空間（オープンスペース）を目指す性質があるからだという「オープンスペース理論」です。明るく光るものを開けた空間の目印だと勘違いしてしまい、光に集まってくるのではないか、と考えます。
　落ち葉の下や暗く茂った林の中のような閉鎖的な空間にいる虫が、開放的な空間に脱出しようとするときは、空などの明るい部分に向かう必要があるはずです。ガや甲虫の仲間などで、この理論が当てはまる例があるといわれています。
　2つめは、昆虫は電灯などの光を月や太陽と勘違いしているという説です。教科書やテレビ番組で紹介されることもあるので、3つの説の中では一番有名かもしれません。昆虫が長距離を飛んで移動するとき、方向を決めるコンパスの目印として月や太陽を利用しているという性質をもとに考える説で、「コンパス理論」と呼ばれています。
　虫が夜間、月明かりをコンパスの目印にしている場合で説明しましょう。月は地球から約38万キロメートルも離れているので、月の光はほぼ平行な光線として地球に届きます。虫は月の光と一定の角度を保つように飛ぶことで、まっすぐ移動することができます。
　しかし、電灯のように近くにある光源を間違えて目印にしてしまうと、虫が飛んで移動するにつれ、電灯の光線との角度はどんどん変化してしまいます。
　月を目印にするときと同じように光線と一定の角度を保とうとすれば、飛ぶ方向をどんどん変えることになります。結果として、光の周りをぐるぐる飛んでいるように見えるというわけです。コンパス理論はガの仲間でよく当てはまるみたいです。
　3つめは、目の錯覚（錯視）が起きているという説です。虫が明るい光源の周辺を「すごく暗い部分」だと錯覚し、暗いところに逃げようとする虫が間違って光の周辺へと向かってしまうのではないか、と考えます。
　人の目では、明るい部分と暗い部分が接している部分の明暗の違い（コントラスト）をはっきりさせよう

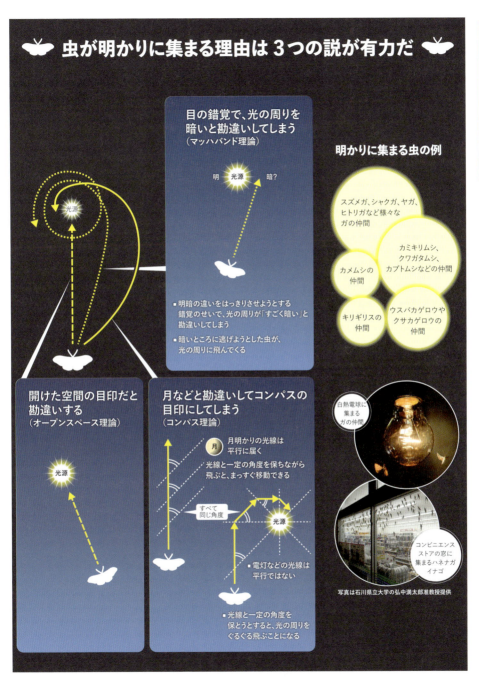

とする錯視が起こり、「マッハバンド（マッハの帯）」や「シュブルール錯視」という現象が知られています。

　虫の目でも同じような錯視が起こり、明るい部分はより明るく、暗い部分はより暗く見えているのではないかと考えられています。ガの仲間ではこの「マッハバンド理論」が当てはまる場合があるといわれています。

　1つめのオープンスペース理論とは違って、2つめのコンパス理論と3つめのマッハバンド理論では、虫は光そのものに集まっているのではなく、「光に集まってくるように見える」ということになります。

　昆虫は紫外線に集まっているという説明も聞いたことがあるかもしれません。これは虫がどんな色（波長）の光に集まりやすいかという話に関係しています。

　多くの昆虫は光の中でも、紫外線に一番よく反応します。なので、紫外線が出る水銀灯や蛍光灯よりも、紫外線がほとんど出ない発光ダイオード（LED）照明のほうが虫は集まりにくくなります。

博士からひとこと

害虫の防除に照明を利用

　昆虫が光に集まる性質は、害虫の防除に応用されているよ。例えば、食品や工業製品に異物として虫が混入しないように、工場や倉庫では様々な対策をしているんだ。

　建物や部屋の中に虫が入り込まないようにすることが最も大事だけれど、完全に防ぐことは難しい。侵入した虫を照明におびき寄せ、粘着テープで捕まえたり、高電圧で殺したりする「捕虫器」という装置があるよ。

　逆に、虫が集まりにくい照明を開発しようという研究もある。虫が「勘違い」して街灯などに飛んできてしまうのを減らし、生態系をなるべく乱さないようにするためだよ。

　昆虫の観察や採集では街灯は狙い目の場所になる。蛍光灯よりも強い光を出す水銀灯を探そう。特に、周りに明かりが少ない暗い場所にある街灯がいいね。虫が多く集まりそうな水銀灯を見つけたら、何回も通ってみよう。天気や季節、時間帯などで見つかる虫が変わってくるよ。

話を聞いた人　石川県立大学の弘中満太郎准教授

Part 3 陸の生き物のギモン

キラキラ虹色のタマムシ、どうして光るの？

科学館でキラキラ光るタマムシの標本を見たよ。
虹みたいにいろんな色に光ってきれいだった。
見る角度がちがうと、色もちょっと変わるんだ。
一部のチョウやクジャクの羽も同じだって。不思議だなあ。

体表の層が、光の反射の向きを変えるんだ

タマムシは昔から美しい昆虫として好かれていたみたいです。奈良県の法隆寺には、タマムシの羽でかざった入れ物「玉虫厨子」という有名な国宝があります。

様々な色に光るのは、タマムシの体の表面に秘密があります。とても細かくて複雑な形になっています。ここに太陽や蛍光灯の光が当たると、いろんな色の光が様々な向きに反射します。それがきれいな色に見えるのです。形が色をつくっているので、「構造色」と呼びます。はじめから、きれいな色を塗っているわけではありません。

タマムシの羽を観察してみましょう。理科室にあるふつうの顕微鏡では見えないですが、電子顕微鏡という特別な機器で羽の切断面を見ると、うすい層がたくさんあります。

1ミリメートルの1万分の1（100ナノメートル）くらいの層が20層くらい重なっています。

　太陽や蛍光灯の光は白いけど、実は赤やオレンジ、黄、緑、青などたくさんの色が混ざっています。

　タマムシの体に当たると、いくつも重なった層のそれぞれで反射します。反射した光が組み合わさると、ある色の光が強まったり、別の色の光は弱まったりします。それが虹みたいに様々な色に光って見えるのです。

　見る向きを少し変えると、目に届く光もずれて少し違う色に変わります。どの向きから見ても赤は赤、青は青というように同じ色に見えるふつうの色とはちがうのです。

　構造色を取り入れた生き物は多くいます。南米にすんでいて、羽が青くかがやくモルフォチョウは特に有名です。世界一美しいという人もいます。

　羽の表面はりんぷんという粉をまぶしたようになっています。りんぷんは規則正しく並び、表面は細かい

ギザギザの形をしています。

　細かなギザギザやデコボコに光が当たるとき、光の色によって反射する向きが少しずつちがいます。モルフォチョウは青い光を強く反射する形なので、青くかがやいて見えるのです。

　クジャクやカワセミといった鳥の羽、ネオンテトラなどの熱帯魚の体、アワビのような貝がらの内側などのあざやかな色も構造色です。動物園や水族館で見てみたいですね。

　構造色は自然界だけのものではありません。音楽や画像を記録するCDの裏面もきらきらと光っています。表面の細かなデコボコがモルフォチョウの羽と似た仕組みです。

　CDはデータを記録するために小さなくぼみをたくさん刻んでいます。小さくて同じようなくぼみが並んだ構造がたまたま光っているけれど、タマムシやモルフォチョウの羽の構造をうまくまねたらきれいに光ります。金属製のスプーンやコップも表面を細かく加工するとタマムシみたいに緑や青に輝きます。

　金属に色を付けるにはふつう塗料が必要ですが、このスプーンやコップには使っていません。電気で金属の表面にすごくうすい膜を作るだけです。時間がたっても色あせたり、変色したりしないので新しい技術として注目されています。

Part 3 陸の生き物のギモン

博士からひとこと

「波長」が色の違い生む

　光の色は光が波のように伝わる性質を持つことと関係している。一つの波から次の波までの長さを「波長」と呼び、波長の異なる光が人の目には違う色に見える。人の目はおよそ380〜780ナノ（ナノは10億分の1）メートルの波長の光を見ることができる。波長が長い光は赤っぽく、短い光は青っぽく映る。

　タマムシなどの「構造色」は、光の波長よりも小さい非常に細かな構造に光が反射して起きる現象だ。ただ、生き物によって目の仕組みや光の見え方は違う。人が見る色を生き物たちはどうとらえているのかや、生き物のあざやかな構造色にどんな意味があるのかなど、謎は多い。

話を聞いた人　東京農業大学の長島孝行教授（取材当時）

ネコはなぜマタタビが好きなの？

2月22日は「ネコの日」というんだ。うちのネコはマタタビをあげると、喉をならして喜んでいるよ。でも人間には何がうれしいのかわからないし、うちのイヌも別に関心がないみたい。どうしてネコはマタタビが好きなのかな。

虫よけ効果のある物質を本能的に体につけてたんだ

確かにネコはマタタビが好きみたいですね。ネコにマタタビの葉っぱや実をあげると、床に転がったり顔をこすりつけたりして、うっとりしているように見えます。家で飼っている人や地域ネコが近くにいる人は、マタタビが入ったおもちゃにネコがじゃれつくところを見たことがあるのではないでしょうか。

マタタビというのは、夏に白い花を咲かせる木です。東アジアに生えていて、日本でも九州から北海道の広い範囲で見られます。岩手大学などのグループが、マタタビから色々な化学物質を抽出して、ネコにかがせる実験をしました。ネペタラクトールという物質をろ紙に染み込ませてネコにあげると、ネコはろ紙に顔をすりすりしたり床に転がったりと、マタタビに対する反応を示しました。それで、このネコはこの物質に反応していることがわかったのです。

さらに実験を進めると、ネペタラクトールは実は蚊よけにも効果があることが判明しました。ネコの頭にこの物質を塗っておくと、蚊を放ったときに頭に止まる数が半分に減りました。

　蚊に刺されないというのは、実はネコにとってとても意味のあることです。ネコはフィラリア症という病気にかかることがあります。蚊がフィラリアという寄生虫の幼虫を運んできて、ネコが刺されると感染してしまいます。
　フィラリアの幼虫は血管からネコの心臓や肺に入り込み、数カ月で成虫になります。するとネコはせきが出たり呼吸困難を起こしたりして、最悪の場合は死んでしまいます。ネコはマタタビに含まれる虫よけ成分を体にこすりつけて、蚊から身を守っているのです。
　といっても、ネコはマタタビが蚊よけになると知っていて、わざと体をこすりつけているわけではありません。人間は「蚊が飛んでいて、刺されたら嫌だな」と思って虫よけを塗ったりしますが、ネコの反応はネペタラクトールのにおいによって体が勝手に動いてしまう、本能的なものなのです。
　マタタビにすりすりしているときのネコを見ていると、なんとも幸せそうな顔をしています。このときのネコの体を調べると、エンドルフィンという物質が出ていることがわかりました。人間の脳の中にこの物質が出ると、幸せを感じたり、痛みを感じなくなったりする神経回路が働きます。ネコも似たような状態なのかもしれません。本当に幸せを感じているかは、ネコに聞かないとわかりませんが。

　マタタビに反応するネコは全体のだいたい7割で、3割は関心を示しません。あと、小さな子ネコもマタタビには反応しません。生後5カ月〜1歳頃にかけて関心を示し始めるネコが多いです。脳の神経回路が大人と同じように成長してからでないと、マタタビには反応しないのです。
　研究グループは、ほかの動物でも実験してみました。するとジャガーやアムールヒョウ、シベリアオオヤマネコなどの大型のネコ科動物も、ネペタラクトールを染み込ませたろ紙を与えると床にごろごろ転がるなど、ネコと同じ反応を示しました。

マタタビの成分が虫よけになる

ネコはマタタビの葉が大好き

岩手大学提供

マタタビ
蚊よけ成分のネペタラクトールを含む

マタタビの葉を体にこすりつけると、ネペタラクトールが体に付いて蚊が逃げる

ネコがかんで葉が傷つくと、**マタタビラクトン類**など他の成分も増加し、蚊よけ効果が高まる

マタタビラクトン類

蚊はネコにとって脅威

- フィラリアの幼虫
- 蚊に刺されることで感染
- フィラリアの成虫
- フィラリア症になる
- 呼吸困難やせき、死ぬことも

他の大型ネコ科動物も反応する

アムールヒョウのケージにろ紙をいれると体をこすりつけるように転がる

ネペタラクトールを染み込ませたろ紙

神戸市立王子動物園提供

Part 3 陸の生き物のギモン

ネコはマタタビが好きそうに見えますが、よく見るとかみついているだけで、食べてはいません。ネコは「完全肉食動物」といわれています。植物を食べても消化する力が弱くそのままふんに出たり吐き出したりします。

ネコがマタタビの葉をかんで葉に傷がつくと、ネペタラクトールと、それと同様に蚊よけの効果を持つ「マタタビラクトン類」という物質が通常の10倍以上放出されます。ネペタラクトールに大量のマタタビラクトン類が加わると、蚊よけの効果がさらに高くなります。だからネコがマタタビの葉をかむのは理にかなっているのです。あと、マタタビの葉を乾燥させると葉に傷がついてこの物質の放出が多くなり、やはり効果が高くなります。

ネコにマタタビをあげるとしばらくじゃれたり、かんだりしていますが、10分くらいでにおいに慣れて関心を示さなくなります。マタタビには依存性はなく、内臓にも悪い影響はないことがわかっているので、安心してあげて大丈夫です。

博士からひとこと

性質が遺伝子に？
ネコ科だけ反応

ネコ科の動物は約1000万年前に種が分かれて、それぞれ独自に進化してきた。その動物たちがみんなネペタラクトールなどの物質に反応するということは、この性質は種が分かれる前の祖先が持っていたということだ。それが今まで残っているのだから、マタタビにはネコ科動物が生き残るうえで有利になる機能があるはずで、それが蚊よけの効果だったわけだ。

だけど、蚊に刺されると病気になるのはネコだけではない。人間にも、マラリアや日本脳炎など感染する病気はあるし、フィラリア症にはイヌも感染する。なのになぜネコ科の動物だけがマタタビに反応するようになったのだろう。おそらく、ネコの祖先がネペタラクトールのような物質を持つ植物が生えているところでたまたま体をこすりつけたことで、蚊に刺されず生き残る確率が上がったのだろう。その結果、そうした行動が性質として遺伝子の中に刻まれていったのだろうね。

話を聞いた人 岩手大学の宮崎雅雄教授

草や花はどうやって太陽の方を向くの？

鍋料理で豆の若い葉っぱの豆苗を食べたよ。
残った根っこを水に浸したら新しい芽が出た。
茎は日光が差し込む窓のほうに曲がって伸びていたけれど、
そもそも草花はどうやって太陽の方角を向いているの？

茎の先っぽに光を感じるセンサーがついているんだ

「光合成」という言葉を聞いたことはありますね。植物が太陽の光を浴びて、水と二酸化炭素（CO₂）からでんぷんなどの栄養分を作る働きのことです。光をたくさん浴びると、効率よく光合成ができるのです。

動物は食べ物を探してあちこち動き回るけれど、植物はずっと同じところにとどまっています。そこで多くの光を求めて、太陽の方角を向くための仕組みを発達させてきたのです。夏に花を咲かせるヒマワリが太陽に向かって伸びている様子を目にしたこともあるかもしれませんね。

秘密は茎の先っぽにあります。この部分の細胞には光を感じる小さなたんぱく質が集まっていて、センサーとして働き、いつも明るいところを探しています。

もし茎の先端をアルミ箔でおおって光をさえぎると、光を感じ取れず太陽の方角に向けなくなってしまい

ます。まるで目かくしをされたみたいです。茎の先を切り取っても、同じことが起きます。

茎の先には、もう一つ大事な役割があります。「オーキシン」という物質を作っているのです。成長ホルモンと呼ばれていて、細胞を分裂させて数を増やしたり、ふくらませて大きくしたりして、植物の成長をうながす働きがあります。茎の先っぽではつねにオーキシンが作られ、根に向かって上から下へと運ばれていきます。

光のセンサーで明るいところを見つけると、オーキシンは明るい側から暗い側へと茎の先っぽで横方向に移動を始めます。オーキシンが多くある濃い部分と薄い部分ができ、そのまま茎の中で上下に運ばれていくのです。

明るい側の茎はオーキシンが薄くなり、あまり成長しなくなります。一方、暗い側は濃くなってどんどん成長するようになります。茎が成長する速さを場所ごとに変えることで、明るい側に曲がって伸びていきます。

水を求めて地中で根を張るときも、オーキシンが働いています。根の先っぽにある細胞には、光のセンサーの代わりに重力のセンサーが備わっています。でんぷんが固まって石のようになったものが細胞の内部にあり、石は重力に従って下に移動します。その位置から根が伸びている方向を感じ取る仕組みです。

茎の先端で作られたオーキシンは、いったん根の一番先まで届けられます。そこから逆に流れるように運ばれるのです。根の形によってオーキシンの濃度が高い場所と低い場所ができます。

濃度の差で成長速度が変わるのは茎と同じです。ただ根と茎ではオーキシンが成長をうながすちょうどよい濃度が違います。根ではオーキシンが濃すぎると成長によくありません。だからオーキシンが濃い根っこの下側より、薄めの上側がどんどん成長します。大きくなった上側に押し出されるようにして、根は土の中を深くもぐるように伸びていきます。

光合成をする際、光があまり届かないと大変ですね。周りに植物が生い茂って光がさえぎられていると、太陽を向くだけでは光を十分に浴びることができません。隣の植物より成長して背を高くしないと、光の奪

い合いに負けて弱ってしまいます。

　この大ピンチでもオーキシンが活躍します。茎の先端で作る量を増やし、成長速度を上げます。縦に伸びるのを優先してヒョロヒョロになってしまうけれど、少しでも明るいところに抜け出して光を浴びようとします。

　光の奪い合いは同じ草花についている葉でも起きます。たくさんの葉を茂らせすぎると、別の葉が浴びる光までさえぎってしまう。だから別の葉と光をうまく分け合うためには、枝分かれを調整しないといけません。

　ここでもオーキシンが重要な役割を果たしています。草花は葉や茎の付け根にある小さなわき芽を成長させて枝分かれしているのですが、茎の先端にある「頂芽」で作られるオーキシンには、わき芽の成長を妨げる働きがあります。光を分け合えるようにしているのです。

　豆苗ではこの様子も観察できます。茎と葉を切って食べた後、根を水に浸すと新しい茎が伸びてきます。その根元をよく見ると、茎が枝分かれしている様子が分かります。また豆苗を育てる機会があったら、注意して見てくださいね。

Part 3 陸の生き物のギモン

博士からひとこと

ダーウィンが存在を予言

　草花が太陽の方角を向く仕組みの解明には、進化論で有名なイギリスの研究者、ダーウィンが大きく貢献したよ。『種の起源』を出版した後、植物が成長する仕組みの研究を20年ほど続けていた。そして1880年に『植物の運動力』という本をまとめたんだ。

　ダーウィンは芽生えた直後のイネの仲間を使って実験した。芽の先端を切り取ったり、キャップをして光をさえぎったりすると、光が差してくる向きに成長できなくなることを突き止めたんだ。このときに「植物を光がくる向きに曲げる物質は、内部を上から下に伝わって、曲がるところで作用しているはずだ」とオーキシンの存在を予言していたよ。

　その後、1930～40年代により詳しい研究が進み、オーキシンの発見につながったんだ。その働きに関する理解も深まって、オーキシンは現在、農薬としても使われている。さし木の根を出したり、トマトやナスの実をつけたりする働きがあるよ。

話を聞いた人　横浜市立大学の嶋田幸久教授

どうしてサボテンは枯れないの?

日本には四季があるけど、砂漠みたいな場所は年中暑いよね。
サボテンなど砂漠で生きる植物は、
自分でオアシスを見つけに行くこともできないのに、
どうして枯れないのかな。

夜の活動に秘密があるんだ

砂漠では、暑くて乾燥した厳しい環境にたえられる能力を持った植物が生き残って、今の姿になりました。雨はめったに降らないため、水をたくさん吸収できる力と、吸った水を逃がさない力の両方が発達しています。

植物が生きるために必要なエネルギーを得る光合成は、砂漠では命取りになりかねません。ふつうの植物は昼間に、太陽の光と二酸化炭素（CO_2）と水から栄養分と酸素を作り出します。でも暑すぎると、CO_2を取り込む葉の「気孔」という口から、中の水分も出ていきます。

そこで、サボテンなどの光合成は特殊なしくみに進化しました。まずは暑い昼間はできるだけ口を閉じて水が出ていかないようにして、涼しい夜に気孔の口を開いてCO_2を取り込みます。太陽の光が当たらない夜は光合成ができないので、夜の間にCO_2をリンゴ酸という物質に変え、

細胞の中の袋にためておきます。

　朝になって太陽がのぼると、リンゴ酸をCO_2に戻して光合成を始めます。これだと昼に口を閉じたままでも光合成ができます。サボテンのほかに、ベンケイソウの仲間や一部のパイナップル、ランの仲間も、この方法で光合成をしています。

　光合成のほかにも水を逃がさないための様々な工夫をしています。よく見るとサボテンには葉がありません。葉がないのは、水が蒸発するのを防ぐためといわれています。葉があると表面積が大きくなり、水が出ていきやすいです。葉の代わりに茎で光合成をしているのです。

　サボテンは丸っこい形が多いです。ぬれたタオルを丸めておくと乾きにくいですが、広げて干すと乾きやすいのと同じで、ぎゅっと丸形になると表面積が小さくなり、乾きにくくなります。

　見た目は硬そうなサボテンですが、これも水が出ていかないように分厚くなって守る知恵です。水をはじく油で体の表面のコーティングもしています。

　少ない水を上手にためる術も身につけました。厳しい砂漠でも雨は降ります。このチャンスを逃すまいと、雨が降ったときに少しでも多く水を吸収できるようにしています。

　サボテンの中には水をたくさんためられる細胞が並んでいて、貯水装置になっています。ネバネバの粘液も詰まっていて、水をしっかり受け止めます。

　多くのサボテンの表面が、つるりとしたトマトのようではなく、カボチャのようにでこぼこしているのも、水をたくさん吸うための工夫です。急に水をたくさん吸うと、大きくふくらみすぎて体が裂けてしまう危険があります。でこぼこしていると、一気に水を吸っても切れ目が入りにくくなるといわれています。

　意外にもサボテンの根っこは浅いです。砂漠は乾燥しているため、雨が降ってもすぐに乾いてしまって水が深くまでしみ込みません。その代わりに広い範囲に根をはって乾く前に少しでも多くの水を吸収できるようにしています。

　アメリカのアリゾナ州からメキシコのソノラ州にかけて暮らすサワロサボテンは、自分の身長の2倍くらい横に長い根っこを持ちます。このサワロサボテンは5000リットル以上の水

をためられるといわれています。家のお風呂だと25杯分くらいになります。

これだけ水を持てる能力を身につけると、砂漠で水に飢えた動物たちに狙われ食べられやすくなってしまいます。でも鋭いトゲが危険から身を守るのに役立っているのです。

体を守る以外の役割をしているトゲもあります。太陽の強い光から守るためのぼうしの役割をしているのです。また、水が少ない南米のアタカマ砂漠に住むコピアポアというサボテンは、空気中の水滴をトゲに伝わせて吸収できます。

サボテン以外にも砂漠の中には、1000年以上も生きるつわものがいます。日本語で「キソウテンガイ」と呼ぶアフリカのナミブ砂漠で暮らす植物は、砂漠一のご長寿です。まるで枯れているように見えますが、ちゃんと生きているのです。

日差しが強くて水分の少ない砂漠は、植物にとって厳しい環境ですが、工夫を凝らしながら生き延びてきました。

Part 3 陸の生き物のギモン

博士からひとこと

「役に立つ」サボテン 食品にも化粧品にも

サボテンは「役に立つ」植物だ。メキシコや地中海沿岸、アフリカ北部では食用に消費されている。乾燥に強く育てやすいので、国連食糧農業機関（FAO）も食用サボテンを推奨している。南国フルーツの代表格のドラゴンフルーツもヒモサボテンの果実だ。

代表的なウチワサボテンは30カ国以上で商業栽培されている。早期育成やトゲが少ないなどの品種改良も進んでいる。ヒトの食用以外に家畜の飼料にも使われている。茎は粘液を含むので食感はねっとり。光合成をするためリンゴ酸を含み、少し酸っぱい。果実は柿に似た味とされる。糖尿病や肥満を改善する効果があるといわれ、健康食品としても注目を集めている。

ウチワサボテンには食用以外に化粧品としての利用もあり、種子からとれるオイルを使った商品がある。抽出物には傷を治す作用があるという報告もある。

話を聞いた人　中部大学の堀部貴紀准教授

虫を食べちゃう植物、どうつかまえるの？

この前、テレビを見ていたら、葉や茎にとまったハエやガを上手に食べる植物が紹介されていたよ。「食虫植物」と呼んでいたけど、どんな植物なのかな。動物でもないのに、どうやって虫をつかまえるのかな。

ネバネバ、落とし穴…葉ではさむのもあるよ

　小さな生き物をとらえて栄養にする能力がある植物を食虫植物といいます。「食肉植物」ともいいます。日本のほか、東南アジアや南米、オーストラリアなど、温暖な地域に多いのが特徴です。世界に500種類以上あります。

　日本では、尾瀬（福島・群馬・新潟県）の湿原などにモウセンゴケという食虫植物がいます。わき水からできる池の周辺などにはタヌキモの仲間が生えていて、ムシトリスミレもいます。

　食虫植物にはいろいろな種類がありますが、自然界では虫をつかまえて栄養にしないと枯れてしまいます。だから、虫をどうやってとろうか、とてもよく考えました。おどろくような戦略がいくつもあります。

　1つが「ねばりつき式」です。葉

の表面がネバネバし、その部分にとまった虫が動けなくなります。モウセンゴケやムシトリスミレがこの方式で虫をつかまえます。葉や茎から接着剤のような液体を出します。とまった虫を葉で巻き込み、動けなくする食虫植物もあります。液体には、虫を溶かす消化の働きがあります。

ごはんを食べると、しばらくするとおなかがすいてきますよね。胃の中でごはんを小さく分解し、栄養分を吸収しやすくしているのです。食虫植物も同じように時間をかけて虫を溶かし、栄養にしてしまいます。

別の戦略に「落とし穴式」があります。ウツボカズラやサラセニアなどがこのタイプです。

葉が筒の形になっていて、甘い香りを出したり、フタのようになった部分から蜜を出したりします。引き寄せられたハエなどが筒の内側に落ちると、脱出するのが難しくなります。

葉の内側にワックスのような物質がついていて、ツルツルすべります。筒の中には液体が入っています。ハエの体を溶かして、栄養分を吸い取ります。

「はさみ込み式」もおもしろいです。北米原産のハエトリグサ(ハエトリソウ)が有名です。

はさむ葉の内側にはトゲのような毛があって、虫が触れると葉がピタリと閉じて逃がしません。虫が一度だけ触った時には開いたままで、もう一度触れるとようやく閉じます。虫が確実にいると思ったときにつかまえるんですね。まるで「まちがい防止」機能です。閉じた葉は、時間がたつとまた開きます。

このほかに、タヌキモのように袋状の部分に触れるとフタが開いて吸い込む方式もあります。

食虫植物が虫とりに使う道具は葉や茎です。花には葉のように虫をとる構造がないので、虫は自由に動き回れます。花には花粉を運んでくれる虫がやってくるから、食べちゃうわけにはいきません。感心しちゃいますね。

食虫植物がつかまえるのは、ハエやガなどの虫が多いです。ただ、栄養分さえとれれば虫である必要はありません。大きなつぼのような形をしているウツボカズラなどには、小さなネズミなどがつかまることもあるそうです。

虫が少ない場所では、葉に落ちた動物のふんや落ち葉を溶かして栄養分にする食虫植物もいます。葉から

虫をとる方法はいろいろ

ねばりつき式
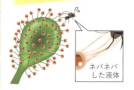

落とし穴式

はさみ込み式

コモウセンゴケ
(国立科学博物館提供)

ウツボカズラ
(国立科学博物館提供)

サラセニア
(国立科学博物館提供)

ハエトリグサ

虫をとるように進化

昔　　　今

土からの栄養分が少なく、育つのに苦労する

栄養分となる虫をとるように進化した

虫が栄養になる

落ちた虫を消化する　→　虫がバラバラになって栄養になる　→　また虫を待つ

出した蜜でネズミに似た小動物をおびき寄せ、ふんをしてもらいます。

それにしても、なんで虫をつかまえるようになったのでしょう。植物は、生きるのに必要な糖分を太陽エネルギーを使う光合成でつくります。でも、それだけでは足りないから、土の中の栄養分を根から吸っているのです。

食虫植物は栄養分が少ない場所で生きてきました。食虫植物にも根はあるけれど、栄養分が不足してしまうから、進化して虫をとる能力を手に入れたと考えられています。

例えば熱帯の土は窒素やリンなど植物の体をつくるための栄養分がとぼしいです。他の植物は暮らせないけれど、食虫植物ならば生きていけます。気温が低すぎなければ育つので、食虫植物は世界中で見かけます。

野生の食虫植物は環境破壊や地球温暖化などによって大きく数を減らしています。食虫植物が生えている場所は特別な環境だから、みんなが関心を持って大切に守れるといいですね。

博士からひとこと

自宅で育てられる種類も

食虫植物は自宅でも簡単に育てられる種類がある。代表的なのはサラセニアやハエトリグサ（ハエトリソウ）、モウセンゴケなどで愛好家は多い。園芸店やホームセンター、通信販売などで買える。

多くは多湿を好む。土が乾き過ぎないよう注意しないといけない。受け皿に2センチメートルほど水をためて鉢を置く「腰水」という手法が効果的だ。空気の乾燥を嫌う種類も多いようだ。

一般に食虫植物は寒さに弱いので、部屋の中でも窓のそばなどなるべく日当たりの良い場所で育てたり、寒すぎることがないよう部屋の温度を調節したりしよう。

食虫植物だからといって、必ずしも虫だけが栄養分というわけではない。チーズなどを食べる種類がある。ただし与えるものによっては植物が枯れてしまうので、おすすめできない。葉を閉じる種類は、手で触れて何度も開閉を繰り返すと弱って枯れてしまうので注意が必要だ。

話を聞いた人　国立科学博物館植物研究部 多様性解析・保全グループ 奥山雄大 研究主幹

恐竜の形や色はなぜ分かるの？

この前、恐竜が登場する映画を友だちと一緒に見たよ。すごくリアルで、人間を襲う場面は本当に怖かった。誰も実物の恐竜を見たことがないのに、なぜ形や色などがわかるのだろう。どこまで本当なのかな。

骨や羽毛の化石から推定できるんだ

恐竜は2億年以上前に地球上にあらわれ、約6600万年前に絶滅したと考えられています。人類が誕生する前の大昔のことです。本物を見た人はいないのに、当時の姿はこうだったと想像できるのか、不思議ですね。実は今も完璧に理解できているわけではありません。実態を明らかにする調査・研究が進んでいます。

姿や生態を知る手がかりになるのが恐竜の骨や歯の化石です。恐竜とみられるバラバラになった骨が見つかると、まずどの恐竜のどの骨なのか調べます。足りない部分は似ている恐竜を参考に補います。次に骨同士がどうくっついていたかを探り、さらに筋肉や皮膚を考えていきます。

骨を組み立てて元の姿を復元するのはとても難しいので、恐竜に近い爬虫類や鳥類なども参考にしています。骨がどの向きに付いて、筋肉がどう付いていたのか、関節がどれほ

ど動いたか、これまでの研究で分かっていることを総合的に考えて骨を組み立てていきます。

　体の一部しか見つかっていないと残りは想像するしかありませんが、研究が進んで復元図が変わることもあります。新たな発見があるたびに修正します。

　例えば、子どもたちに人気の肉食恐竜「ティラノサウルス」は約100年前、映画の「ゴジラ」のように尻尾を引きずっていましたが、いまは尾は地面から浮いています。羽毛が生えている復元図も多くあります。

　昔の復元図には羽毛がありませんでした。羽毛は骨や歯と比べて分解されやすく、化石になりにくいからです。以前は羽毛を持つのは鳥類だけと考えられていて、恐竜の羽毛の研究が進んだのはここ20年ほどのことです。

　1996年、中国で羽毛を持つ恐竜「シノサウロプテリクス」の化石が世界で初めて見つかったのがきっかけです。原始的な羽毛といえる細い毛のようなものを持っていました。鳥の風切り羽のように飛ぶのに適した形ではありませんでした。恐竜の研究が大きく変わる歴史的発見でした。

　ティラノサウルスの化石を見て、羽毛があったと直接言うのは難しいですが、同じ仲間に分類される恐竜から羽毛の化石が見つかりました。そこでティラノサウルスも羽毛を持っていたと考えられるようになりました。うろこにおおわれていたという証拠も見つかっていて、背中などの一部にだけ羽毛が生えている復元もされています。

　恐竜は大きく「竜盤類」と「鳥盤類」に分かれます。竜盤類の中にはさらに「獣脚類」というタイプがいて、ティラノサウルスもここに入ります。獣脚類には羽毛や翼のようなものを持つ種類もいて、「鳥類に近い」「鳥類に進化した」などといわれています。

　一方、植物を食べる「トリケラトプス」などの鳥盤類は、うろこをもっていたという化石の証拠がある種類もいます。2001年に鳥盤類「プシッタコサウルス」の化石から羽毛の痕跡が見つかったのです。尾の背中側にトゲのようなものが並んでいました。

　さらに別の鳥盤類の化石からも羽毛が見つかりました。そこで、恐竜の大半が羽毛を持っていた可能性も出てきました。

　実は、羽毛は体の色を知る手がかりにもなります。同じ種類の恐竜で

Part 3　陸の生き物のギモン

ティラノサウルスの復元模型＝国立科学博物館提供

ミイラ化した ブラキロフォサウルス

ウロコやクチバシ、爪などを
残した貴重な例。
世界で最も保存状態の良い
恐竜化石の一つと言われている。

福井県立恐竜博物館提供

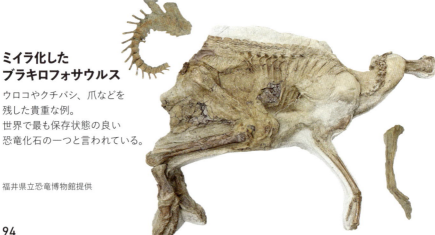

も、図鑑によって色が異なることがあります。これは現代の動物をもとに色を想像したからです。骨や歯の化石から色までは分かりません。

羽毛には色のもととなる色素をためておく構造があります。その形などを高性能の顕微鏡で調べて色を推定する方法が開発され、研究が進みました。例えば、翼を持つ「ミクロラプトル」は光沢のある黒で、同じく鳥に似た「アンキオルニス」は全身が黒っぽくて頭に赤茶色の羽がありました。

いまのところ色を知るには羽毛を調べるしかありません。ほとんどの恐竜では実際にどんな色だったか、まだ分かっていないんです。

恐竜研究では、現代に残された数少ない痕跡を詳しく調べています。姿や形、色について、いろいろな説があります。大昔に絶滅しているので、どの説が正しいかを立証するのが難しい分野です。今後、新たな化石が見つかって研究も進むはずです。未来の図鑑にはいまと異なる恐竜が描かれているかもしれません。

博士からひとこと

子育て方法を知る手がかりに

化石は恐竜の姿だけでなく、生態を知る手がかりにもなる。例えば、恐竜はどう子育てをしていたのか。北米大陸に生息していた「マイアサウラ」の巣のまわりにあったひなの骨を調べると、生まれてすぐは歩ける形をしていなかった。親が子にエサを運んでいたと考えられているよ。

体の骨と卵の化石が一緒に見つかったことから「卵泥棒」を意味する「オビラプトル」と命名された恐竜もいる。当初はほかの種類の卵を食べてしまうとみていたんだけど、研究が進み、いまは多くの鳥と同じように親が卵を温めていたと考えられているんだ。

すべての恐竜が子育てをしたり卵を温めたりしていたわけではなさそうだね。卵を産んだらそのまま放置する種類もいたようだ。

卵を抱いていた様子などが推定できる化石は珍しい。火山が噴火して灰が降り積もる中で恐竜が死んだ場合など特殊なケースだったと考えられているよ。

話を聞いた人 国立科学博物館の對比地孝亘研究主幹

生き物はなぜ死を迎えるの?

毎年、お盆の時期は多くの人がお墓参りに行くね。亡くなったご先祖様が眠っているんだって。いつか家族がいなくなるなんて考えるだけでもつらい。ペットとの別れも同じだよ。どうして永遠に生きることはできないのだろう?

新しい命をつなぎ進化するためなんだ

すごく難しい質問ですね。大昔から大勢の人が永遠の命を望んだり、いろいろ研究したりしていますが、明確な答えは見つかっていません。答えのひとつとされるのが、子孫を生み出していくためだという考え方です。

地球上にはいろんな種類の生き物がいます。どんな生き物も何か得意なものや、子孫を残す上で有利な特徴を持っています。例えばチーターなら足が速いし、ハツカネズミは生後50日ごろから子どもを産めて、しかも一度にたくさん子どもを産みます。

チーターは「足が速くなりたい」と神様にお願いしたのではありません。生命の誕生をくり返す中で、より足の速い個体が生まれました。速く走れた個体は獲物を捕まえやすかったため生き残り、遅い個体は食べ物を得られず早く死にます。生き残った個体の世代が進むにつれ、結果的に足が速いチーターになって

いったのです。

　ネズミは一般的に寿命が短いです。子孫を増やすためには、一度に多くの子どもを産む性質が必要だったのです。子どもを多く産む性質のネズミから誕生した子が、それを受け継ぎ、たくさん子どもを産んでいきました。これに対し、少ししか子どもを産まない母を持つネズミは、やはり少ししか子どもを産まないので、だんだん少なくなっていきます。

　どうして「得意技」を持つ個体が誕生したのか不思議ですね。その秘密は、体を作る情報が入っている遺伝子にあります。ほとんどの動物の子どもは両親の遺伝子を半分ずつ受け継ぐけれど、その半分の遺伝子の情報は両親のものと全く同じではありません。

　子どもがお父さんとお母さんから半分ずつ遺伝子をもらうとき、時々ちょっとだけ違う遺伝子になります。少し違う遺伝子を持つ子どもは、姿形や性質が親とは違ってくる場合があります。いわばバージョンアップです。遺伝子の変化が生物の多様性を生み出しているともいえます。

　世代交代をしながら少しずつ違う特徴を獲得していくことを専門の言葉で「進化」といいます。少しバージョンアップした個体が生まれ、その中でたまたま環境に適したものが生き残っていく。進化しない生物は、絶滅の恐れが高まると考えられています。つまり死ぬことは進化の一部ともいえるのです。

　どうやって死を迎えるのでしょう。自然界ではカゲロウやサケのように産卵を終えると死んでしまう生き物が多いです。あらかじめ死ぬことが遺伝子の中にプログラムされているようです。

　一方、ヒトは年をとることで亡くなることが多いです。つまり老化ですね。体内に老化細胞が増えていって、死につながる病気などを引き起こします。1人の体は約37兆個の細胞でできているといわれていて、細胞は分裂して数を増やしていきます。一方で古い細胞が壊れ、新しい細胞と入れ替わっていきます。

　細胞内にはDNAという物質があります。遺伝子もDNAの一部です。細胞の分裂時にDNAもコピーされますが、時々コピーミスが起こります。ヒトのDNAは1細胞あたり60億文字分の情報を持っています。コ

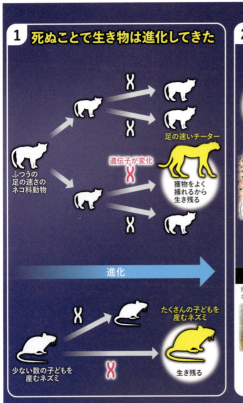
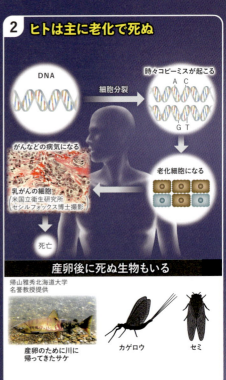

ピーミスは10億文字に1カ所の割合で起こるといわれています。

　年をとるほど、DNAにミスがたまっていく。ミスのある細胞がさらに分裂するためです。ミスがたまると、体内で遺伝子から作られるたんぱく質の品質も悪くなります。細胞の元気がなくなり、老化細胞となります。

　老化細胞は分裂しにくくなり、ゆっくりと体内から消えていく運命です。別の細胞に食べられたり、自分自身で壊れたりするからです。若い人は老化細胞がきちんと消滅します。でも年をとると、老化細胞は体内に残りやすくなります。老化細胞を食べる細胞が少なくなり、自分で消える力が弱まっているためです。

　DNAにミスがたくさん入った老化細胞は==がん細胞==になりやすいです。年をとって老化細胞が残り続けると、がんになる可能性も高まります。老化細胞を取りのぞく研究は盛んです。死ぬことを避けられるかわからないですが、老化をある程度防げる時代が将来、やってくるかもしれません。

Part **3** 陸の生き物のギモン

博士からひとこと

細胞分裂の回数には限度

　細胞には寿命があり、分裂できる回数は決まっているといわれている。回数を決めているのが「テロメア」という部分だ。細胞の中にあるひも状の物体である染色体の端っこにあるのがテロメアだ。

　細胞が分裂するたびにテロメアは短くなる。ある程度まで短くなると分裂できなくなって死ぬことが細胞レベルでわかっている。

　ただ生体レベルでテロメアがどこまで寿命に関係しているかはよくわからない。テロメアが合成できないようにしても寿命は変わらなかったというマウス実験の結果もある。老化の仕組みはまだまだ謎に包まれているよ。

　人の寿命は120歳くらいが限界と考えられている。公的な記録で確認できる世界で最も長く生きた人はフランス女性、ジャンヌ・カルマンさんだ。1997年に122歳で亡くなった。「不老不死」は古今東西、多くの人が追い求めてきたけれど、科学や医療が進んだ現代でも実現は難しいといえるね。

話を聞いた人　東京大学の小林武彦教授

化石から分かる　マンモスの旅

マンモスといえば最終氷期を代表する生き物だ。その化石は、マンモスがどんな生活をしていたかを知る手がかりになる。

ある研究では、1万7100年前に生きていたマンモスの牙に含まれていた化学物質を調べたところ、そのマンモスが食べ物や仲間を探して、28年のあいだに地球を2周するくらいの距離を歩いていたことがわかった。

マンモスが食べた植物には、ストロンチウムという物質が少しだけ含まれている。ストロンチウムにはいくつか種類があり、その種類は土によって違う。マンモスがその植物を食べると、ストロンチウムは骨や歯、牙に残る。このストロンチウムを調べることで、マンモスがどこを歩いていたかを知ることができるんだ。

（Tess Joosse／日経サイエンス編集部 訳）

牙が伸びる仕組み

マンモスの赤ちゃんは6か月から1歳の間に最初の牙が抜ける。大人の牙には中央に空洞がある。歯茎から伸びる部分に新しい骨の層が加わって成長していく。これは一生続く。

マンモスの牙の先っぽは、若い頃にできたもの、牙の内側は年をとってからできたものだ。

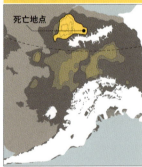

あるマンモスの旅

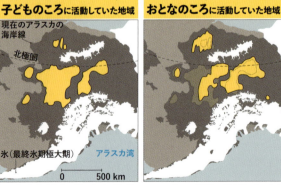

子どものころに活動していた地域／おとなのころに活動していた地域／最後の2年間に活動していた地域

現在のアラスカの海岸線／北極圏／氷（最終氷期極大期）／アラスカ湾／死亡地点

Illustration by Beth Zaiken, Maps by Jen Christiansen
Source: "Lifetime Mobility of an Arctic Woolly Mammoth," by Matthew J. Wooller et al., in *Science*, Vol. 373; August 2021 (map reference)

原題名　Mammoth Travels（SCIENTIFIC AMERICAN December 2021）　日経サイエンス2022年8月号より

Part 4
海の生き物のギモン

魚はどうして水中でも生きられるの?

家の近くの川でたくさんの魚が泳いでいるのを見たよ。私がプールで泳ぐときは魚のようにずっと水の中にはいられなくて、息つぎをしないと苦しくなっちゃう。どうして魚は水の中で生きられるのかな。

えらをつかって呼吸をしているんだ

　私たち人も魚も生きていくために、酸素を取り込んで、いらなくなった二酸化炭素を体から出す「呼吸」をしています。その呼吸の方法が人と魚では違います。人は口や鼻を通して肺で空気を吸ったりはいたりする「肺呼吸」をしていますが、魚は「えら」という部分を使う「えら呼吸」をしています。

　えら呼吸では水から酸素を取り込みます。水中には、だいたい空気中の30分の1くらいの酸素が溶けています。魚は口で水を吸い込み、えらの血管から酸素を取り込みます。そしてえらぶたを開けて、二酸化炭素が溶けた水を外に出します。こうした動きをくり返し、まるでポンプのように水を出し入れして呼吸しています。

　えらは魚によって色々な形がありますが、私たちがよく見かけるコイやフナなどでは、顔の付け根の部分

にある「くし」のような形をしたところです。外からはよく見えませんが、えらを守るえらぶたを開くと見ることができます。赤い色をしているのは、細い血管がびっしりと張りめぐらされているからです。

えらを広げてみると、さらに小さなひだがたくさん付いています。それらの面積を全部合わせると、魚の体全体よりも大きくなるほどです。この大きさが水中の少ない酸素を効率よく取り込むのに役立っています。

えら呼吸は肺呼吸よりも効率がよいともいわれています。肺が酸素を取り込むためには、空気を吸ってはくという2つの動作が必要ですが、えらは水を通すだけでよいのです。肺が吸い込んだ酸素の20パーセント弱を取り込めるのに対し、えら呼吸ならば50〜80パーセントも取り込めます。

同じえら呼吸でも、海を一年中泳ぎ回るマグロやカツオなどの一部の魚は、少し違った方法をとります。こうした魚はえらぶたを動かす筋肉がないため、自分の力だけで水を出し入れするポンプ運動ができません。だから口を開いたまま泳ぐことにより、水流で無理やりえらぶたを開いて呼吸しているのです。少しでも泳ぐのをやめるとえらぶたが閉じて呼吸ができなくなってしまうので、生まれてから死ぬまで、休むことなくずっと泳ぎ続けます。

水中で呼吸ができるえらは便利なように見えますが、逆に魚は地上では呼吸ができません。空気中には水中より酸素が多く含まれているので、えらに空気を通せば呼吸ができるように感じるかもしれません。だけどそうではないんです。えらはとても薄いので、水中ではものを浮かせる力が働いて形を保っているけれど、地上では重力がかかってつぶれてしまい、酸素をうまく取り込めません。

水中でも空気中に含まれる酸素が少ないと、魚は呼吸できなくなります。夏の暑い日に池の水温が高くなりすぎたり、水中の微生物が増えすぎたりすると、水に溶けている酸素が不足してしまいます。

こんなとき、魚が水面近くで口をパクパク開いていることがあります。「鼻上げ」と呼ばれる行動で、まるで空気で呼吸しているように見えま

水をえらに通すだけの魚の呼吸は効率的

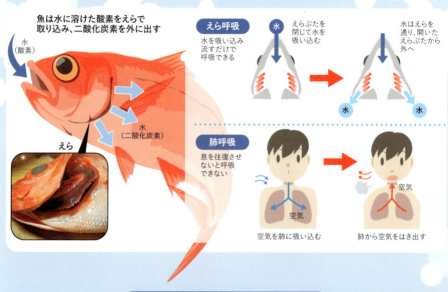

魚は水に溶けた酸素をえらで取り込み、二酸化炭素を外に出す

水（酸素）

えら

水（二酸化炭素）

えら呼吸 水を吸い込み流すだけで呼吸できる

水 → えらぶたを閉じて水を吸い込む → 水はえらを通り、開いたえらぶたから外へ 水　水

肺呼吸 息を往復させないと呼吸できない

空気を肺に吸い込む　空気　→　肺から空気をはき出す　空気

空気中でも呼吸できる魚

皮ふでも呼吸

ムツゴロウ

肺（うき袋）でも呼吸

ハイギョ

特別なえらで呼吸

キノボリウオ

田北徹・石松惇　共著
『水から出た魚たち』海游舎(2015)より

すが、これもえら呼吸です。水中の酸素が少なくなっても、水面近くには比較的多く含まれています。魚はこの部分の水をたくさんえらに通すことで、呼吸を楽にしています。

大昔、地球上に初めて魚が登場した時には、えらは食べ物をとるためのもので、呼吸は皮ふでしていたと考えられています。長い時間をかけて魚が進化する中で、えらの一部が口を動かすあごになり、残りが呼吸のためのものになったとされています。

人やイヌ、ハト、トカゲなど陸上でくらす生き物だけでなく、イルカやクジラのような水中でくらすほ乳類の動物の中にも、肺で呼吸する生物はいます。だけどこうした動物の出産前の赤ちゃんの様子を観察すると、ほおの部分にえらのようなものがあります。これは動物の祖先が、魚類から枝分かれして進化したためです。えら状の器官は成長とともに消えてしまいますが、ほ乳類の動物と魚のつながりを感じます。

Part 4 海の生き物のギモン

博士からひとこと

皮ふや肺で呼吸する魚も

魚のなかには、えらを使わずに空気を取り込んで呼吸することができる種類がいるんだ。潮が引くと現れる干潟や、乾燥した地域にすんでいることが多い。水が少ない環境に合わせて体の仕組みを変えたんだ。

九州の有明海などの干潟に住むムツゴロウは皮ふで呼吸することができる。皮ふがとても薄く、空気中の酸素をそのまま血管から取り込めるんだ。このため水の少ない泥の上でも活動し、えさをとることができる。

うき袋を進化させた肺のような器官で呼吸する種類もいるよ。アフリカや南米にすむハイギョの仲間だ。この魚は「夏眠」という珍しい習性がある。雨が降らない乾期に池が干上がると、泥の中でまゆを作り、肺で呼吸しながらまた雨が降るまでたえるんだ。

東南アジアにすむキノボリウオという魚は、特別なえらを使って呼吸できる。このおかげですむ池が干上がっても、水が豊富な場所へ地面をはって移動できるんだ。

話を聞いた人　長崎大学の石松惇名誉教授

イカやタコはなぜ墨を吐くの？

この前レストランに行って初めてイカ墨スパゲティを食べたよ。口の中が真っ黒になっちゃった。習字の授業で使う墨は食べられないから、それとは少し違うみたい。どうしてイカやタコは黒い墨を吐くのかな。

敵から身を守るためだよ

　タコやイカの仲間は頭足類。絶滅してしまいましたが、恐竜と同じ中生代に生きていたアンモナイトも同じ頭足類です。二枚貝やウミウシなどと同じ軟体動物です。でも他の軟体動物とは大きく違い、泳いだり、体の色を変えたりする様々な能力を持っています。中でも墨を吐くのは大きな特徴です。

　私たちはタコやイカをおいしく食べますが、それは海の生き物にとっても同じです。ヒトも含め、魚やイルカ、海鳥、時には同じイカやタコ同士など、いろいろな敵から狙われています。やわらかい体を守るために、墨を吐くのです。自分自身もいろいろな生き物を食べるため、イカやタコは海の中の食う食われる関係の中心にいます。

　イカやタコの墨は習字で使う墨とは違います。たんぱく質のもとになるアミノ酸に、メラニンという色素や粘り気をもたらす多糖類などが入っています。黒い色はメラニンによるもの

です。メラニンは私たち人間の日焼けやしみ、ほくろにも含まれています。

墨は墨汁のう（囊）という袋にある分泌細胞で作り、袋の中でためておきます。銀色に光っていて、おうちでイカをさばくとよくわかります。墨汁のうからくちばしのような形をした漏斗を使い粘液を混ぜて墨を吐き出します。

一口に墨といっても、成分や出し方は少しずつ違います。スルメイカやアオリイカのように、すいすい泳ぐのが得意なイカは、いくつかの塊状に粘り気のある墨を出します。まるでイカの分身のように見えます。墨をおとりに使って敵から逃げる作戦です。

群れの1匹が墨を吐くと、みんなが一斉にびっくりして逃げる時があります。警戒信号の役割をしています。一種のコミュニケーションになっているのです。ちょっとしたことで驚いてすぐに墨を吐くので、水槽で飼育する業者の悩みの種になっています。墨がえらに詰まると窒息死してしまいます。

海底でじっとしているタイプのイカや、同じく海底に暮らすタコはまるでカーテンを広げるようにさらっとした墨を吐きます。普段は岩や砂に化けてじっとして敵から見つから

ないような戦略をとっています。海底にすむイカやタコは、普段は自分の気配を消すのが得意ですが、見つかったときは最終手段として墨を吐きます。だから泳ぎ回るイカよりも墨を吐く頻度は低いんです。特にタコはめったに墨を吐きません。いよいよ攻撃されたときは煙幕のように墨を出して、真っ暗にして泳いで逃げます。

墨にはうまみ成分のアミノ酸が入っているからおいしいです。だから、敵が墨を食べに行くときがあります。その間に逃げます。墨の成分は種類によって異なっていて、味にも関係しているという話があります。イカ墨スパゲティは聞いたことはありますが、タコ墨スパゲティって聞いたことがないですよね。含んでいる成分の種類がうまみの違いにつながっているという説や、タコの墨の方がさらっとしていて料理に使いにくいという説もあります。

身を守るだけでなく、自分が攻撃するときに積極的に墨を使うこともあります。日本にもすむヒメイカは体長わずか2センチメートルほどで、藻場でアマモなどの海草にくっついて暮らしています。墨を吐いて自分の姿

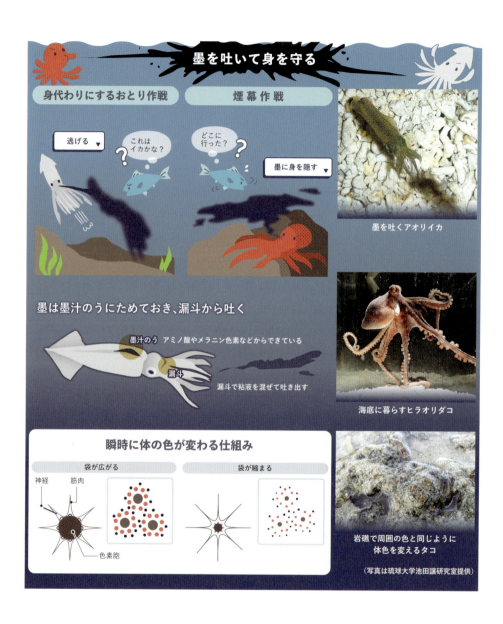

を見えなくして、小さいエビを捕まえる姿が観察されています。墨を吐いた方向と違う側からエビを襲うのです。

身を守る方法はまだあります。体の色を瞬時に変えて岩や砂などに溶け込む<mark>カムフラージュ作戦</mark>です。神経を使って体の色をコントロールします。皮ふの下の「<mark>色素胞</mark>」という袋が伸びて広がると、色がくっきりと出ます。反対に袋が縮むと色が見えなくなります。袋には、それぞれ茶、黒、赤、黄などの色素が入っていて、体中に分布しています。どの色素の袋が広がるかの組み合わせで、体の模様が変わります。皮ふを動かして、表面に凹凸も出せます。ゴツゴツした岩も再現できます。巧妙なカムフラージュだから、私たちが見破るのはとても難しいです。

イカやタコは発達した神経も備えています。特にタコの知性は高く、日本やインドネシアにすむメジロダコは道具を使う姿がみられます。貝殻やココナツの殻の中に入って防衛したり、砂地に作った巣穴の扉として利用したりしています。

Part 4 海の生き物のギモン

博士からひとこと

最大の謎は寿命の短さ

イカやタコは実は寿命が短い。種類によるが、1〜2年ほどで死んでしまう。一般に、知性や高度な運動能力を持っている動物は長生きな場合が多い。それにもかかわらず寿命が短いのは、イカやタコの研究者の中では最大の謎といわれている。

寿命が短い故、イカやタコには子育てがない。イカは産卵が終わると基本的にすぐに死んでしまう。タコの母親は卵がふ化するまで守りぬいた後に生涯を終える。世話をしてくれる親がいないので、誕生と同時に自力で生きていかなければならないんだ。

イカやタコはほ乳類や魚のような背骨がなく、昆虫やイソギンチャクなどと同じ無脊椎動物に属する。無脊椎動物の中では特異的に神経系を発達させ、次から次へと変わる体色や、学習能力、優れた視力を手に入れた。体の割に脳が大きく、特にマダコはほ乳類のラットと同じくらいの割合の大きさの脳を持ち、無脊椎動物では例外的だ。

話を聞いた人 琉球大学の池田譲教授

フグはなぜ自分の毒にあたらないの？

毒をもっている生き物はたくさんいる。食べ物でなじみの深いフグやキノコの仲間のほか、ハブなどが思い浮かぶね。運悪く毒にあたってしまう人もいるけど、毒をもつ生き物は自分の毒では死なないよね。なぜなんだろう。

たんぱく質に秘密があるんだ

生物がもっている毒の研究には長い歴史があります。毒の成分は何かを突き止めて治療や予防の方法を開発したり、その成分を基に消毒薬や抗がん剤を作ったりする応用も数多くあります。この分野では日本も早くから世界的な成果をあげていて、特にフグの毒の研究では今もトップを走っています。

最もよく知られたフグの毒は「テトロドトキシン」と呼ばれ、日本の薬学者が純粋な成分を分離して1909年に命名しました。日本人化学者が活躍して60年代に化学構造が判明し、70年代には人工的に合成する実験にも成功しました。

80年代に入ってホラ貝などフグ以外の海洋生物からテトロドトキシンが見つかり、フグはこれらを食べて体内に蓄積していることも明らかになってきました。この毒を自分の周辺にまき散らしてほかの生物に食

べられないよう警報として利用するほか、繁殖期に異性をひき付ける信号として使っているという説もあります。毒を蓄えて生存競争を勝ち抜き、独自に進化してきた結果だと考えられています。

テトロドトキシンの致死量は人の場合でわずか1〜2ミリグラムで、自然界の毒の中で最強の部類に入ります。誤って食べてしまうと、呼吸困難などの症状が現れます。その仕組みも解明され、神経や筋肉の細胞の働きを止めてしまうことが分かっています。

細胞はナトリウムイオンなどの伝達物質をやりとりして活動し、細胞の表面にはそのための通り道があります。テトロドトキシンはたんぱく質でできたこの通り道にくっついて塞いでしまい、伝達物質が行き来できなくなってしまいます。長くても8時間たてばテトロドトキシンは分解されて体外に出るので、その間持ちこたえれば回復します。

そんなに強い毒なのに、なぜフグは平気なのでしょう。これはフグの遺伝子を解析して細胞の表面にある通り道となるたんぱく質を調べ、最近になって分かってきました。フグは人と違い、テトロドトキシンがくっつかないたんぱく質を使っていたのです。テトロドトキシンを食べてもたんぱく質の通り道は塞がれず、伝達物質が行き来して細胞は正常に活動できるわけです。

フグの血液の中には、テトロドトキシンと結合するたんぱく質があることも分かっています。このたんぱく質が血管内に入ったテトロドトキシンをとらえて、体内で悪さをしないようにしているという報告もあります。ただこれは本当なのかどうかまだ確かめられておらず仮説にとどまっています。

毒をもつほかの生物でも、自分の毒に耐性を備えたたんぱく質を使う例はよく見られます。南米の森林に生息するヤドクガエルは、ダニやアリなどを食べて神経をまひさせる強力な毒を蓄えています。ヤドクガエル自体が中毒を起こさない理由は長く謎でしたが、米国の研究グループが2017年にこの毒に結合しないたんぱく質をもっていることを突き止め、有名な科学雑誌に発表しました。

ヘビやサソリは、捕食の際に使う毒を専用の袋に入れて蓄えていま

フグはなぜ自分の毒にあたらない？

	コモンフグなど	ソウシハギなど	パオスバッティーなど	ハコフグなど
フグの種類				
毒の名前	テトロドトキシン	パリトキシン	まひ性貝毒	パフトキシン
毒のある部位	筋肉、肝臓、皮膚、生殖腺など	筋肉、肝臓など	筋肉、肝臓など	皮膚、粘液
毒の由来	細菌やプランクトンなど他の生物	プランクトンやスナギンチャクなど他の生物	プランクトン	自分で作る
毒による症状	運動まひ、呼吸困難など	筋肉の痛みなど	運動まひ、呼吸困難など	筋肉の痛み、呼吸困難など

（写真は下関市立しものせき水族館「海響館」提供）

フグの毒にあたる場合とあたらない場合の違い

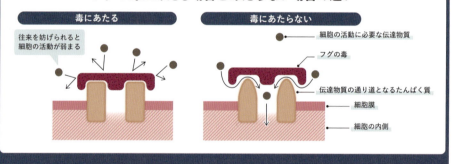

す。食べる相手を見つけて襲うときに毒が飛び出す仕組みで、神経をまひさせたり血液を固めたりして動きを鈍くします。耐性のある袋に収まっている限り自分の毒にはあたりません。ただまれに、毒ヘビが同じ仲間で争った結果、かまれた方が毒にあたって死んでしまうことがあるようです。

毒をもつ生き物は、人の怖いもの見たさを刺激するのか、水族館などの企画展で人気を集めています。どのような進化を遂げて毒をもつようになったのか、何に利用しているのか、知られていない点がたくさんあり、研究者にとっても魅力的な研究対象になっています。

テトロドトキシンをもつ生き物にはフグのほかカリフォルニアイモリやヒョウモンダコ、カブトガニなどがいます。種は違うがテトロドトキシンをもつようになった理由に何か共通点があるのかもしれません。解明に向けて研究はこれからも続きそうです。

 博士からひとこと

治療に生かせる毒もある

生き物が作る毒の種類は様々だ。なかでも細菌が作る毒は私たちに中毒を起こし、困らせてきた。最も強いとされる毒はボツリヌス菌が作る「ボツリヌストキシン」で、わずか1グラムで約100万人分の致死量に相当すると推測される。1984年には、からしレンコンへの混入で死者が出た中毒事件も起きている。

ボツリヌストキシンは神経をまひさせる。この作用を逆に、病気の治療に生かす方法も実現している。本人の意思と関係なくまぶたがけいれんする病気に、命に影響のない濃度に薄めて局所的に注射する。筋肉のけいれんが収まり、有効な治療法として確立している。

植物にも色々な毒がある。ケシの実で作られるモルヒネなどが代表例だ。モルヒネは鎮痛剤や麻酔薬に利用されているが、中毒性があり麻薬として規制対象にもなっている。お茶やコーヒーに含まれるカフェインも大量に摂取すると中毒を起こすことが知られている。

話を聞いた人 長崎大学の荒川修教授

タラバガニはカニじゃないの？

北海道から冷凍のタラバガニを取り寄せたよ。大きいけれど、よく見たら脚が8本しかなかった。カニって10本あるんじゃないの。家の人が「ヤドカリの仲間だから」って教えてくれたのだけど、本当にカニじゃないの？

実はヤドカリの仲間なんだよ

タラバガニはおいしくて「カニの王様」と呼ばれるくらい人気があります。農林水産省はカニに分類しています。ズワイガニとともに「ツートップ」といえる存在で、値段もすごく高いです。

カニは冬がおいしい時期ですが、タラバガニは日本では4～6月にかけて漁が最も盛んになります。産卵するために深い海から浅い場所に移動してきます。魚のタラの漁をしていると、一緒にタラバガニが網に入ってきます。タラがいる海「タラ場」でとれるから「タラバガニ」と呼ばれるようになりました。

タラバガニの姿や形はカニとそっくりです。だけど、生物としてはヤドカリの仲間に入ります。体の細胞の中にあり「生き物の設計図」となるDNAをくわしく調べると、タラバガニはヤドカリから進化したことがわかります。

DNAを調べる前から、生物学者はタラバガニをヤドカリの仲間と考えていました。よく見ると、ヤドカリから進化したことがわかる特徴がいくつかあります。

　ヤドカリもカニも、エビから進化したと考えられています。みんな脚の数は10本です。タラバガニは、はさみを含めても4対、8本しかないように見えます。カニは5対、10本ですね。実はタラバガニにも脚は5対、10本あります。残りの2本の脚はとても小さく、殻の中にかくれています。

　タラバガニを解体して殻を開けると、折りたたまれた小さな脚が見つかります。先にはブラシのような毛がついています。殻の中に入ったごみや寄生虫をそうじする役目を果たしています。

　ヤドカリは貝殻の外に出ている脚は3対、6本しかありません。外から見えない小さな脚が2対、4本あって、貝殻の中にかくれています。貝殻が外れないように保ったり、中に入ったごみやふんをかき出したりしています。

　腹部にもヤドカリの名残があります。ヤドカリは巻いてある貝殻に入りやすいように、腹部が曲がっています。タラバガニのメスのおなかを見ると、左右対称でなく曲がっています。「前かけ」や「ふんどし」と呼ばれる部分は腹部が変化したものです。

　カニは横に歩くけれど、タラバガニは前に進むのも上手です。脚の構造がヤドカリに近いからです。また、タラバガニのはさみは右が大きくて左が小さいです。これは北の海にすむヤドカリも同じ。カニは左右とも同じ大きさの場合が多いです。

　実は、カニそっくりというヤドカリの仲間は多いです。食べるとおいしいハナサキガニやエゾイバラガニ、タラバガニと偽って売られていたアブラガニなどがそうです。5対目の脚が小さかったり、メスの腹部が曲がっていたりするなどタラバガニと同じ特徴があります。

　ほかにも、沖縄など暖かい地域の海岸にすむヤシガニ、イソギンチャクをすみかにしているカニダマシなどもヤドカリの仲間です。外見だけでなく名前に「カニ」とついているけれど、違います。

　なぜ、ヤドカリがカニそっくりの

姿形に進化するのでしょうか。貝殻を捨てて生活するには、カニになることが海の中で生きていくうえで有利だからだと考えられています。

ヤドカリは貝殻の大きさに左右されます。成長して体が大きくなると、古い貝殻を捨ててぴったりの大きさの貝殻がないと、成長をとめてしまいます。大型化するには、貝殻がない方がいいです。でも、ヤドカリの腹部はやわらかくて魚につつかれて食べられてしまいます。そのため、腹部をかたい殻と一体化させました。

エビに似たヤドカリもいるけれど、カニそっくりになる方が多いようです。エビやカニ、ヤドカリは甲殻類と呼ばれる生物で、その中ではカニが種類も数も多いです。甲殻類の中ではカニになることが有利なのかもしれません。

ヤドカリがカニのような姿や形に進化することを生物学者は「カニ化」と呼びます。残念ながら「エビ化」という言葉はありません。ヤドカリは進化する中でカニ化する方を選んでいるようです。

Part 4 海の生き物のギモン

博士からひとこと

同じ機能を持つ動物は多い

見た目はよく似ているのに種類が異なる動物は多い。例えばモモンガと、オーストラリアなどにすむフクロモモンガ。どちらも木から木へ飛んで移動する。別々に進化した結果、似た姿形になった。大きな違いは、フクロモモンガにはおなかに子育てのための袋があることだ。有袋類と呼ばれるコアラやカンガルーの仲間だね。体がかたいこうらやうろこでおおわれたアルマジロやセンザンコウも似ているけど、違う動物だ。

こうした現象を生物学では「収斂進化」と呼んでいる。コウモリとイルカは違う動物だけど、超音波を出して、物体に当たって反射した波を感じて自分の位置を知るという同じ機能を持っている。DNAを調べると、機能させるために備わっている「遺伝子」はそっくりなんだ。

別々の生物が同じような環境に合わせるため、それぞれが似た姿や形、行動へと進化することは珍しくないんだ。

話を聞いた人　京都大学の朝倉彰教授（取材当時）
　　　　　　　　国立科学博物館の小松浩典研究主幹

深海魚はどうしてつぶれないの？

水族館で深海魚の水槽を見たよ。お母さんが言ってたけど、深海にカップめんの容器を持っていくと水の力で縮んでつぶれちゃうんだって。でも、それならどうして深海にすむ魚はつぶれずに平気でくらせるのかな？

体の中に水を多く含んだり、軽い油を作っているんだ

　夜寝るときに布団をかぶると布団の重さを感じます。これと同じように、水に入ると自分の体の上にある水の重さが体にかかります。これを「水圧」と呼びます。深く潜るほど、体の上にある水の量は増えます。例えば10メートル潜ると、小指の指先（約1平方センチメートルの面積）だけでも1キログラムの重さがかかります。水深1000メートルだと、100キログラムもの重さがかかることになります。

　人間にはとてもたえられないほど大きな水圧だけど、水深数千メートルの深海でも泳ぐ魚がいます。

　理科の授業で、力を加えると空気の体積が小さくなることを習ったと思います。カップめん容器の材料である発泡スチロールの中には、空気の入った空洞がたくさん開いています。深海に持っていった容器がつぶれるのは、水圧で中の空気の体積が

小さくなるからです。

　例えば、ゴム風船に海水を詰めて深海へ持っていったとしたらどうでしょう。風船の外も内も同じ海水で、水圧の差がないから、ゴム風船はつぶれません。水深200メートルより深くにすむ魚を<mark>深海魚</mark>と呼びますが、彼らはいろいろと工夫して、ゴム風船に似たしくみで水圧の影響を受けないようにしています。

　深海魚は少し変わった見た目をしています。ぶよぶよしたゼリーのような見た目をしたものが多いです。例えば水深6000メートルの深海にくらすクサウオの仲間は筋肉や骨がやわらかく、体の中にたくさん水を含んでいます。水圧が高いと体の中に水が入ってこようとするので、最初から体内を水で満たしておけば防げるわけです。最近は体を形づくる<mark>たんぱく質</mark>の種類も通常の魚と異なることがわかってきました。

　高い水圧がかかっても身動きが取りやすいように、<mark>体の重さ</mark>を工夫する魚もいます。水深500〜600メートルにすむラブカというサメの仲間は肝臓にたくさんの油をたくわえています。油は水に浮くので、水よりも軽くなります。一方、筋肉や内臓が詰まった動物の体はそのままだと体と同じ体積の海水よりも重いので、沈みやすくなります。軽い油を作って体内に持っておくことで、海水の重さに近づけています。

　普通の魚は、浅い場所と深い場所を行き来するために空気を出し入れする<mark>うきぶくろ</mark>を持っています。深海魚の中にはうきぶくろを持たないものや、空気の代わりに油をためるものもいます。浅瀬から深海までを頻繁に行き来するために、特殊な壁でできた丈夫なうきぶくろを持って空気を出し入れする魚もいます。

　深海で生きるには水圧のほかにも様々な環境に適応する必要があります。例えば光は水深200メートルほどで海面の0.1パーセントほどしか届かなくなり、水深1000メートルでは届く量がほぼ0になります。キンメダイのように大きな目を持ってわずかな光をとらえられる深海魚がいる一方で、水深数千メートルの深海にいる魚ではにおいなどほかの感覚に頼って生活しているものもいます。

　水深1000メートルの海水の水温は2度から4度しかなく、エサとなる生物も浅い海と比べてとても少な

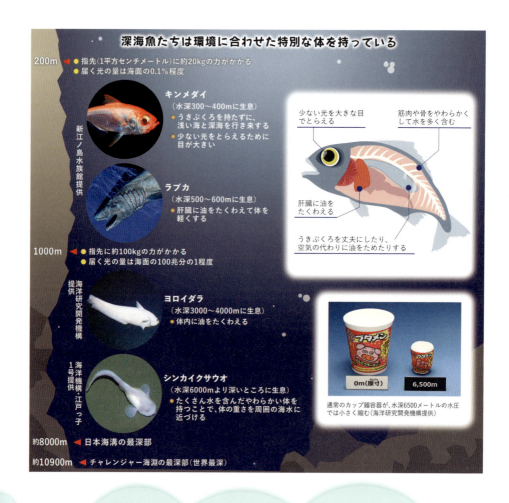

深海魚の見つかった水深の最深記録はいったい何メートルだろう。2022年8月15日に，東京海洋大学と西オーストラリア大学などの研究チームが小笠原海溝を調査した際，水深8336mでクサウオの仲間を発見したのが最深記録だ。2023年4月に「世界最深で撮影された魚の映像」として，調査記録がギネス記録に認定されたよ。理論的にも，魚の体が水圧に対抗できるのは8200〜8400メートルが限界とされている。しかし，水深が6000mより深い「超深海」と呼ばれる海の生物のことはまだわからないことが多いんだ。これからも新しい発見があるはずだよ。

いです。冷たい水の中でなるべくエネルギーを使わずに生活していると考えられています。

こうした特殊な環境で生きる深海魚ですが、陸上の水族館で飼育するときに水槽の水に圧力を加えることはありません。圧力差に体が一度慣れれば、普通の水槽で飼育することができます。

ただし、空気の入ったうきぶくろを持つ魚は深海から急に引きあげると、体内でうきぶくろが大きくふくらむことがあります。だから注射器などを使い、空気を抜いてやることもあります。水槽に移したら、明るい場所はストレスになるのでなるべく光を暗くします。飼育する水には冷たい海水を使っています。

深海魚は世界に3000種近くいるといわれます。ただ詳しいことがわかっているのはほんの一部で、多くが謎に包まれたままです。研究者たちの手によって、将来はもっと不思議な深海魚たちの体のしくみや暮らしぶりが明らかになるかもしれません。

博士からひとこと

海の95パーセントは深海

深海は、一般的に水深が200メートルより深い海のことを指す。この水深より深いと光の届く量がわずかになり、すんでいる生き物の種類が変わるんだ。全世界の海の体積のうち深海は95パーセントを占めている。でも、高い水圧がかかる深海を調べるには特別な潜水艇が必要で、その大部分は現在も調査されていない。

陸上に森や砂漠、草原といった異なる自然があるように、一言で深海といっても場所によって様々な環境があると考えられている。例えば、深海にはまれに海底から熱水がふき出す温泉のような場所がある。こうした場所では熱水のふき出し口を取り囲むようにして貝やエビ、カニなどが集まっているよ。

巨大なクジラが死んで海底に沈むと、死体の周囲に様々な動物が集まり、少しずつクジラの肉や骨を食べながらその場所で何年間も暮らし続けることもわかってきた。深海にはまだまだ人の知らない不思議な自然環境が広がっている可能性があるんだ。

話を聞いた人 新江ノ島水族館の杉村誠学芸員

真珠はどうやってできるの?

お母さんとアクセサリーのお店に行ったら、真珠のネックレスを見つけたよ。他の宝石とは違って、白から黄色みがかった光り方がすごく印象的だったな。真珠は貝から取れると聞いたことがあるけど、どうやってできるのかな。

貝殻の成分が体内で分泌されているんだ

ダイヤモンドやルビーなど宝石の多くは、地下の岩石がマグマの熱で溶けて、その成分が結晶になってできた鉱物です。一方、真珠は、生きた貝が作り出すのが特徴で、「バイオミネラル（生体鉱物）」と呼ばれています。

真珠は色々な貝が作るけど、自然に真珠を持っている貝は1万匹に1匹ほどしかいません。今お店で売っている真珠は、ほぼ全てが養殖によって作られています。

養殖に最もよく使われるのは、アコヤガイという二枚貝です。まず、別の二枚貝の貝殻を丸く削った「核」と、アコヤガイをおおう「外套膜」を小さく切ったものを用意します。外套膜というのは、お刺し身の「ひも」と呼ばれる部分です。貝の臓器の1つで、自分の身を守る貝殻の成分を分泌する働きがあります。

この2つを一緒にアコヤガイの体内に入れると、外套膜の細胞が増え、核をすっぽり包んで袋みたいになります。そして細胞から貝殻の成分が袋の内側に分泌されて核の表面に積み重なり、光沢のある真珠の層ができます。真珠というのは、いわば貝の体内にできた「もう一つの貝殻」ということになります。

真珠や貝殻の成分は炭酸カルシウムです。核の表面の真珠の層を詳しく見ると、まるでレンガのように炭酸カルシウムのブロックが規則正しく並び、結晶になっています。そのすき間を、たんぱく質がセメントのように埋めています。

真珠に光が当たると、規則正しく並んだ層のそれぞれで反射された光の波が重なり合い、強め合ったり弱め合ったりする「干渉」が起きます。この干渉によって、真珠は独特の美しい輝きを放ちます。ピンクやグリーンの色を帯びることもあります。

炭酸カルシウムのブロックの厚みがばらばらだと、光が乱雑に反射してぼやけます。生き物の体内でブロックが同じ厚みで規則正しく積み重なるのは不思議ですが、そのおかげで神秘的な美しさが生まれ、昔から人々を惹きつけてきました。

真珠は日本の宝石だというイメージも広くあります。理由の一つは、日本では古くからアコヤガイがたくさん採れて、真珠が利用されてきたためでしょう。3世紀の中国の歴史書『魏志倭人伝』にも、日本は真珠が採れる場所だという記述があります。13世紀にアジアを旅したマルコ・ポーロの『東方見聞録』によって各地の真珠がヨーロッパにも知られ、イギリスやフランスも天然の真珠を盛んに探すようになりました。

もう一つ、真珠を大量に作る養殖の技術が日本で発明されたことも大きいです。今から約130年前の1893年、御木本幸吉という後に会社をつくる商人が三重県の英虞湾で、世界で初めて真珠を養殖で作ることに成功しました。

そのための実験に助言したのが、箕作佳吉という今の東京大学(当時は東京帝国大学)の動物学の研究者です。養殖真珠の発明は、研究者とビジネスマンによる共同研究が成功した、日本で最初の事例の一つです。

最初にできた真珠は半球形でした

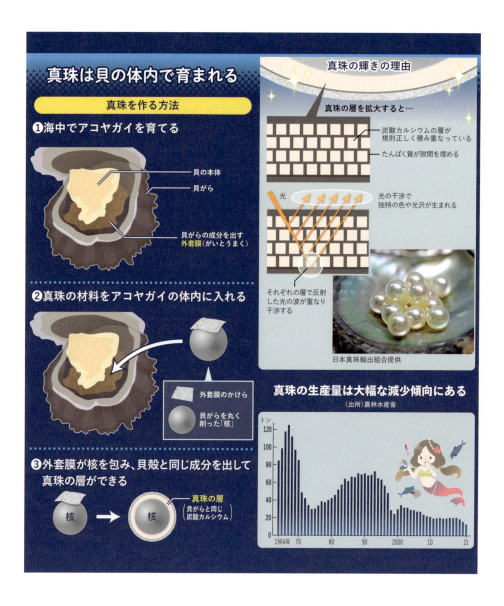

が、その後、真珠の養殖研究に多くの研究者が参入して、1900年代には完全な球形の真珠が作れるようになりました。1910年代には、外套膜のかけらと核を用いる現在の養殖技術が確立されました。

養殖で作った真珠は、他国が産出していた天然の真珠にとって脅威となりました。イギリスやフランスは養殖の真珠はにせ物だと主張して裁判になりましたが、日本は養殖した真珠の成分が天然と同じであることを科学的に立証して、養殖真珠も同じ真珠だと認められました。

真珠ができる仕組みの研究は今も続いています。2012年には、アコヤガイが持つ遺伝情報の全体である「ゲノム」が解読されました。真珠の層がどのようにできるか、真珠の色がどう決まるかなどを、遺伝子のレベルで詳しく調べる研究が世界中で進んでいます。将来、今までにない色の真珠なども、作れるようになるかもしれません。

博士からひとこと

国内生産量は全盛期の10分の1

真珠は特に第2次世界大戦後、物資に乏しい日本で外国に売ってお金を得ることができるとても貴重な物資だった。ただ、今の生産量は全盛期だった1960年代の約10分の1で、30年前と比べても約5分の1になった。

2019年には真珠の有名な産地、愛媛県でアコヤガイが大量に死んでしまうというトラブルも発生した。アコヤガイに関連しているウイルスも含めた全遺伝子を調べることで、2022年には大量死の原因となった新種のウイルスを特定した。その後、愛媛大学がカイコのさなぎから発見した、遺伝子の働きを変化させて免疫を向上する成分をエサに混ぜるなどの対策を進めている。

このほか赤潮や新種のプランクトンなどによって、真珠の養殖が打撃を受けたこともある。近年は養殖の担い手が減少しているほか、今後は他の水産物と同じく地球温暖化による海の環境変化への対応が重要な課題になると予測されているよ。

話を聞いた人 東京大学の浅川修一教授、木下滋晴教授

ペンギンはなぜ長く潜れるの？

この前、家族で水族館へ行ったよ。ペンギンが上手にプールの中を泳いでいて、気持ちよさそうだったな。同じ鳥の仲間でもカモやカモメは水に潜ってもすぐ浮き上がるのに、なぜペンギンは長く潜れるのかな。

体が酸素を節約するんだよ

　私たちは息をいっぱい吸って我慢しても、数十秒で苦しくなります。でも、ペンギンのなかでいちばん大きいコウテイペンギンは約30分も息を止めて500メートルほどの深さまで潜れます。

　なぜ長い時間潜れるのでしょう。理由は主に2つあります。1つは生きるのに必要な酸素を蓄える場所がいろいろあるからです。人間はスキューバダイビングをするときに空気がたくさんつまったボンベをかつぎます。ペンギンはボンベの代わりに、体の中に気嚢と呼ばれる空気をためる袋があります。体中の酸素の3〜5割を空気袋に蓄えるといわれています。ほかに体を動かす骨格筋や血液にも酸素をためています。

　2つ目の理由は酸素を節約して使うからです。その秘訣はおなかにあります。ペンギンは水に潜っている間は胃や小腸などの消化器を含む内

臓の周りで血液の流れが止まります。するとおなかが冷えます。

　ヒトもペンギンも「恒温動物」といって、周りの気温や水温に左右されず、常に体温を一定に保てます。健康なヒトだと、体温はセ氏36〜37度くらいです。ペンギンの体温はヒトより高い38〜39度ですが、おなかの周りは潜水中は18〜19度に下がります。

　体が20度冷たくなると、体をつくる細胞が消費するエネルギーは10分の1くらいになります。その分、酸素を使う量も減ります。さらにペンギンは潜水中に内臓の周りで血液の流れが止まることで、魚などのエサを消化しなくなります。実はエサや食べ物の消化には酸素をたくさん使います。

　ヒトの場合、体で使う酸素の約3分の1を消化に使います。ペンギンがどのくらい使うかはわかっていませんが、仮にヒトと同じだとしたら、潜水中は3分の1の酸素を節約していることになります。

　ちなみにヒトも体を動かしている間はあまり消化しません。活発に運動しているときは胃などの消化管は動かず、食後にリラックスしている時に消化がよく進みます。

　潜っている間は内臓だけでなく、体を動かす骨格筋に流れる血液もとても少なくなります。まず骨格筋に流れる血管がぎゅっと収縮します。そうすると、筋肉の中で酸素をためるミオグロビンというたんぱく質から酸素が出てきます。空気袋よりも筋肉の中にある酸素を優先して使い、空気を節約します。

　ヒトや動物は運動すると筋肉がエネルギーと酸素を大量に使います。ヒトの場合は筋肉の中を血液が流れていて、ミオグロビンの代わりに、血液にあるヘモグロビンというたんぱく質から酸素がはぎとられ、筋肉に補給します。

　水に深く潜るペンギンは内臓や筋肉が酸素を節約します。他に酸素をたくさん使うのは脳だけです。酸素を使った細胞が出す二酸化炭素（CO_2）の濃度が血液中で高まると、苦しくなってきます。ペンギンは脳に長い時間、酸素を送り続けるために内臓や筋肉で使わないようにしているのです。

　空気袋などに蓄えた酸素は、心臓がドクドクと拍動して送り出す血液

に乗って体中に届きます。内臓も筋肉も水に潜っている間は血液中の酸素を使いません。運ぶ酸素が減るために心臓が拍動する回数は減ります。コウテイペンギンが地上にいるときは1分間に200回ほどですが、潜水すると数回から20回くらいまで少なくなります。

ちなみにペンギンは鳥の中では体が大きいです。一般的に動物は体が大きい方がエネルギーの消費が遅くなります。例えばマウスは体重と同じ重さのエサを数日で食べてしまうけれど、私たちが同じことをしようとすると、もっと長い時間がかかります。恒温動物のなかで水の中で生きるアザラシ、クジラ、ラッコは体が大きいものが多くなります。

ペンギンの他にも水に長く潜れる鳥がいます。伝統的な漁法「うかい」に使うウミウや、ウミウとよく似たカワウも潜水の達人です。ウミウとカワウは全長約80〜90センチメートル、翼を広げると130〜150センチメートルもある大きな水鳥です。数十メートルは潜れるといわれています。

博士からひとこと

動物のデータを記録する装置

野生動物の生態を知る手段の1つが「バイオロギング」という方法だ。動物の体に温度や加速度などのデータを記録する装置を取り付け、泳ぐ速度や水に潜る時間などの行動や体の状態を調べる。ペンギンがどのくらい長い時間、どれだけ深く潜れるのかについても、この方法で調べて分かったんだ。

バイオロギングは生き物という意味の「バイオ」と、記録をとるという「ロギング」を組み合わせて日本で生まれた言葉だ。これまでサメやアザラシ、ウミガメやマンボウなど様々な野生動物でそれまで知られていなかった生態が少しずつ分かってきたんだよ。

電子技術の発達に伴いバイオロギングに使う記録装置が小型化し、魚などの小さい動物にも装置をつけられるようになった。温度や心拍数を測る電位、水深を測る圧力計、画像を捉えるカメラや全地球測位システム（GPS）など研究の目的に応じて様々なセンサーを選んで使うよ。

話を聞いた人　東京大学大気海洋研究所の坂本健太郎准教授

おでこの形でつくる表情

シロイルカには、おでこに「メロン体」という脂肪の塊がある。このメロン体は、イルカがエコーロケーションのために出す音を調整するのに使われている。2024年の研究で、イルカがこのメロン体を震わせたり、突き出したり、へこませたりして、顔の表情のように使っていることがあきらかになった。

コネティカット州の水族館で、シロイルカ4頭を200時間以上観察したところ、メロン体を変形させる様子が約2500回記録された。研究者たちは、この動きが他のイルカに見える場所で行われているかどうかを調べ、5種類の特徴的なメロン体の形があることを発見した。

イルカは意図的にメロン体を変形させていると考えられているが、その意味については慎重に研究を進める必要がある。例えば、「シェイク」と呼ばれる小刻みに震わせる動きは主にオスがメスに向けて使い、「プッシュ」と呼ばれる前方に突き出す動きは威嚇の意味があると考えられている。他の3種類の変形の意味はまだ調査中だ。

他の研究者も、シロイルカがメロン体を使ってコミュニケーションしていると確信しているが、この動きがすべてのシロイルカに共通するものか、特定の個体群だけのものかはまだ分からないとしている。しかし、他の地域のシロイルカでも同じようなメロン体の変形が見られている。

この研究が進んだらイルカがどのようにして仲間とコミュニケーションを取っているのか分かるかもしれない。

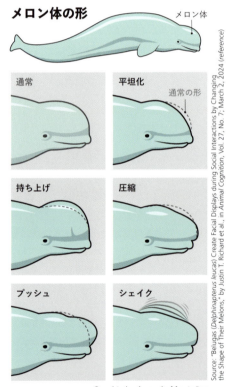

メロン体の形

Graphic by Amanda Montañez

Source: "Belugas (Delphinapterus leucas) Create Facial Displays during Social Interactions by Changing the Shape of Their Melons," by Justin T. Richard et al., in Animal Cognition, Vol. 27, No. 7; March 2, 2024 (reference)

日経サイエンス2024年10月号「ADVANCES」より

Part 5

天気のギモン

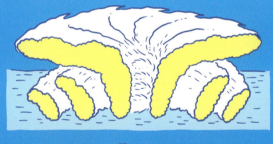

春一番はどうして吹くの？

春が近づいてくると南寄りの強い風が吹くね。「春一番」と呼ばれるんだけど、そもそも春一番ってなんだろう。どうして強い風が吹くのかな。

シベリア気団の勢いがおとろえると吹く条件が整うんだ

春一番と気象庁がいうときの条件は決まっています。①2月上旬の立春から3月中旬の春分までの期間②初めて吹く南寄りの強い風③低気圧が日本海にある④気温が前日よりも高い――などがあります。地域によって少しずつ違いがあり、例えば関東では風速8メートル以上となっていますが、四国では同10メートル以上となっています。ただ、おおまかな条件は同じです。

風の吹く仕組みを知っていますか。風は気圧の高いところから低いところに向かって吹きます。気圧の高いところを山、低いところを谷と想像するとわかりやすいです。山からわき出た水が谷に向かって流れるように空気も流れる。この流れが風になるのです。

春一番が吹いたときの天気図を見ると、日本海に低気圧があります。この低気圧は「温帯低気圧」とい

います。北半球では、中心に向かって反時計回りの空気の流れを作ります。この低気圧の東側では暖かい南風が吹いて、南にある暖かい空気を北に運ぶのです。

くわしく見ると、温帯低気圧から東南東の方向には「温暖前線」がのびています。天気図でいうと、線の北側にかまぼこ形のしるしが付いた線です。温暖前線では、暖かい空気と冷たい空気がぶつかっています。この前線に向かって南から、暖かい風が吹き込んでくるのです。

また、温帯低気圧の南西には、もう一つ「寒冷前線」が延びています。天気図だと三角形のしるしが付いた線です。こちらはこの前線に向かって北から冷たい空気が吹き込んでくることを示しています。

この温帯低気圧は冬には日本の南の海上にあります。しかし春一番が吹くときには日本海にまで北上しています。この違いに関係するのが、日本に冬をもたらす「シベリア気団」です。

シベリア気団はロシアの東、シベリアという地域の上空にある冷たく乾燥した寒気のかたまりです。冷たい空気は重たく、地上付近の気圧は高くなります。冬になると天気予報で「西高東低の気圧配置」とよく耳にします。この「西高」、つまり「西に高気圧」というのは主にシベリア気団によってもたらされる高気圧を指しているのです。

冬にはシベリア気団がいすわって寒気が日本列島に流れ込みます。そのため温帯低気圧は日本に近づいてこられません。それが春が近づくと、シベリア気団の勢いがおとろえて、温帯低気圧がどんどん北側のルートを通るようになります。そして日本海を通ると、多くの地域に春一番をもたらすようになるのです。

春一番が吹いたからといってすぐに春の暖かさが続くわけではありません。「寒の戻り」といって冬の寒さが戻ってきます。これは日本海にあった温帯低気圧が日本列島の東へと移っていくと、シベリア気団からの冷たい空気がふたたび、日本列島に流れ込んでくるからです。でもこうしたことをくり返すうちにシベリア気団が日本からどんどん遠のき、暖かい空気につつまれる春の暖かさになっていきます。

日本海の温帯低気圧が 春一番 を吹かせる

立春のころ
① シベリア気団が弱まる
② 低気圧が日本海まで北上
③ 北から冷たい空気、南から暖かい空気が流れ込む

立春以降に温帯低気圧によって吹き込む暖かい空気を春一番と呼ぶ

春一番が吹いた後には
低気圧が東に動くため、北からの寒気が流入して寒くなる
＝「寒の戻り」

日本海にある低気圧に南風が吹き込み、関東地方に春一番が吹いた
（2021年2月4日、気象庁提供）

| 2020年は春一番がない地域もあった |||
地域	日付	主な定義
九州南部・奄美	なし	南風が最大風速8m以上
九州北部	2月22日	同7m以上
中国	3月19日	同10m目安
四国	2月12日	同10m以上
近畿	なし	同8m以上
東海	2月16日	同上
北陸	2月16日	気象台で同10m超かつ他点で同6m以上
関東	2月22日	同8m以上

（注）最大風速は10分間の平均風速。北日本と沖縄は発表しない
（出所）気象庁や各地方気象台の資料を基に作成

春一番の強風の影響は宇宙から見えることもある。2017年2月には，関東平野から巻き上げられた砂じん（砂ぼこり）が海上へと広がる様子が気象衛星ひまわりによってとらえられた

JMA,NOAA/NESDIS,CSU/CIRA

2021年は2月3日が立春でしたから、条件の期間に入ってすぐに観測されたことになります。ただ早くなった理由が特にあるわけではありません。近年の猛暑や大雪と関連して、なんだか異常気象になっているように思ってしまいますが、実はあまり関係ありません。春一番は吹かない年もあります。例えば2020年は近畿や九州南部・奄美といった地域では吹きませんでした。

気象庁は降水量や気温などさまざまな数字を記録していて、過去30年間の平均値などを出して異常気象などを知る基準にしています。しかし春一番については平均値を示してはいません。常に起きるものではないからです。

春一番は昔のカレンダーにあたる「暦」にある立春と春分の間に吹くといわれるほど、昔から知られていた気象現象です。今では技術の発達によって、春一番のメカニズムや時期はつぶさにわかるようになりましたが、昔の人たちはすごいですね。

Part 5 天気のギモン

博士からひとこと

名前の由来には過去の悲劇

「春一番」という言葉はとても明るいイメージがするね。でもその裏側には悲しい歴史も伝えられているよ。語源については諸説あって、今の長崎県壱岐市郷ノ浦町のはえ縄漁の漁師たちのエピソードが有名だ。

1859年、旧暦2月13日（現在の暦では3月17日）に、郷ノ浦の港を出て行った53人の漁師たちが五島列島沖で、はえ縄漁をしていたところ、春の突風に吹かれて船が転覆してしまい、全員が行方不明になったんだ。そしてその地域では、春の初めの強い南風を「ハルイチ」や「春一番」と呼ぶようになったそうだよ。

戦後に民俗学者の宮本常一さんが紹介したことで、全国に広まった言葉だと考えられている。今では、壱岐市には53人の慰霊碑や「春一番の塔」も建っていて、当時の記憶を伝えているよ。明るい言葉の裏に、自然の恐怖を忘れないようにする思いが込められているんだ。

話を聞いた機関 広島地方気象台

猛暑が続くのは高気圧のせい？

8月に入ったら、気温が35度を超す日が続いて大変。エアコンなしじゃいられないよ。
天気予報で「強い高気圧におおわれて暑い日が続く」と説明していたけど、どうしてそうなるのかな。

中心で下向きの風が吹き、雲ができにくいんだ

　8月7日はこよみの上では立秋ですが、セ氏35度以上の「猛暑日」になる地域も多くあります。その後も暑い日が続きますね。お盆のころは暑さのピークで、猛暑になることが多いのが最近の傾向です。

　夏が暑い理由のひとつは太陽が高くて、日が出ている時間が長いからです。太陽が高いと日光が当たる範囲がせまくなり、地面が受け取る熱の量が増えます。日が当たる時間も長いので、地面の温度が上がりやすくなります。これは学校や塾で習ったんじゃないでしょうか。

　夏が暑いのはそれだけではありません。日本をすっぽりとおおう太平洋高気圧（小笠原気団）が関係しているのです。まず、気圧とは何かを説明しましょう。

　決まった面積の面に垂直に働く力を圧力と呼びます。気圧は空気の重さによって生じる圧力です。空気は

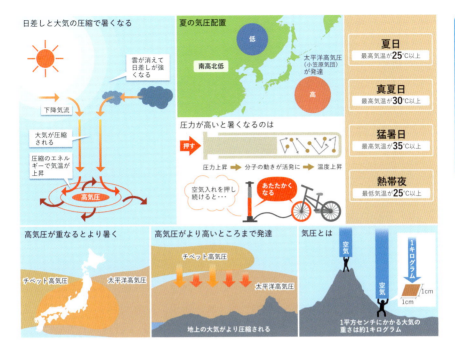

　軽いですが、大気の高さは約100キロメートルもあるので、地面の1平方センチメートルにかかる大気の重さはだいたい1キログラムになります。山の上のような高い場所だと気圧は低くなり、地上の方が高くなります。

　地表付近の気圧はどこでも同じではなく、高いところと低いところがあります。周りよりも高いのが「高気圧」です。中心付近は晴れて天気がよくなります。反対に周りよりも低いのが「低気圧」で、雲ができて雨が降りやすくなります。

　高気圧におおわれると晴れやすいのは「下降気流」と呼ぶ下向きの風が吹いているからです。高気圧の下の地表付近では、周りよりも気圧が高いため、気圧が低い方に向かって風が吹き出しています。その分を補うため、上空から空気が降りてくるのです。これが下降気流になります。

　雲は水蒸気を含む空気が上昇して冷やされてできます。高気圧では、それとは反対のことが起きています。雲が下降すると、気温が上がって温められます。水のつぶが水蒸気

に変わってしまい、雲が消えるのです。太陽の光が地面によく届くから、気温が上がりやすくなります。

下降気流によって気温が上がる理由はもうひとつあります。気圧は上空へいくほど低くなります。その空気のかたまりが下降気流に乗って下がっていくほど気圧が上がって圧縮され、気温が上がるのです。

なぜ、そうなるのでしょう。自転車のタイヤに空気を入れるときを思い出してみましょう。空気を入れた後にタイヤをさわると温かくなっています。中の空気が一杯になると、それ以上体積が増えなくなって、空気の中を動き回っていた分子がはげしくぶつかり合います。そのエネルギーによって熱が生じるのです。

35度以上の猛暑日が続くような年は「2段重ねの高気圧」が発達していることが多いといわれます。日本列島をおおう太平洋高気圧の上に、アジア大陸から東へ張り出してきたチベット高気圧が重なった状態です。そうなると、地上付近の気圧が上がります。空気がより圧縮されるため、気温がどんどん上がります。

チベット高気圧の勢力が強くなると、猛暑になる可能性があるそうです。外に出るときはぼうしをかぶり、水をこまめに飲むようにして、熱中症にならないように注意しよう。

猛暑日は増えている

天気予報で「猛暑日」や「真夏日」、「熱帯夜」という言葉を聞いたことがあると思う。気象庁は日中の最高気温がセ氏35度以上になると「猛暑日」と呼んでいる。30度以上35度未満だと「真夏日」、25度以上30度未満が「夏日」だ。猛暑日という言葉が使われ始めたのは2007年からだよ。

気象庁は21世紀末ごろには20世紀末に比べて、猛暑日が今より1年間に7〜8日増えると予測している。地球温暖化の影響といわれるけど、よくわかっていない。大都市では、自動車やエアコンが出す熱などがこもる「ヒートアイランド現象」も暑くなる原因みたいだよ。

話を聞いた機関　気象庁天気相談所

冬はどうして北風が吹くの?

冬になると乾いた北風がぴゅうぴゅう吹くと、とても寒いね。
どうして冬になると北風が吹くのかな。
どんな現象が影響しているのだろう?

Part 5 天気のギモン

地球の自転が関係しているんだよ

　天気はたくさんの要因が複雑にからみ合って変わっていくから一言で説明するのは難しいです。でも風の向きには、地球自体がほぼ24時間で1回転する「自転」という動きが関係しています。まず風が吹く仕組みを知りましょう。

　風は空気が流れ動く現象です。空気は、大気によって生じる圧力である「気圧」の高いところから低いところに向かって流れていきます。風船をイメージしてみるとわかりやすいかもしれません。

　風船に息などを吹き込むと、広がろうとする力が縮まっていようとする力よりも強くなります。この結果、風船はふくらみます。さらにふくらましていくと、空気の量が多くなり、風船内の気圧が高まります。風船の外と中の気圧の差が大きくなります。

　風船の栓を開けると、一気に空気が流れ出して風船はしぼみます。風船

139

の外の方が、中よりも気圧が低いからです。地球のような大きな規模で考えても、空気は気圧の高いところから低いところに流れます。これが風です。

それを踏まえて冬の日本周辺の気圧配置を見てみましょう。日本の冬の典型的な気圧配置は「西高東低」といわれています。日本列島の西側の気圧が高く、東側の気圧が低いということです。

風は高気圧から低気圧に流れます。西高東低の場合、西から東に向かって吹くはずです。西風になるのかなと思いますが、冬には北風が多く吹きます。カギとなるのが地球の自転です。地球上にあるビルや家、山や川などすべてのものは自転と一緒に回転しています。日本列島でいうと東向きの回転です。

さらに地面に固定されていない空気や雲も無関係ではないのです。地球の自転の影響で移動方向を変える力が加わっているのです。この曲げる力を「コリオリの力」と呼びます。19世紀にフランスの科学者のガスパール・ギュスターブ・コリオリが見つけたので、この名前が付きました。

イメージがわきにくいかもしれませんから、反時計回りで回転するメリーゴーラウンドのようなグラウンドで、投手と捕手の2人がキャッチボールをしたとしてコリオリ力を考えてみましょう。投手が捕手に向かってボールを真っすぐ投げます。でもグラウンドは回転していますから、ボールが狙ったところに届くころは、捕手は元の場所にはいません。

ボールを投げた側にしてみれば、狙った軌道から外れてボールがどんどん右に曲がっていくように見えます。ボールは右に曲がるエネルギーを得たわけではありません。でも回転しているグラウンド上から見ると確かに曲がっているように見えます。その現象を説明する「見かけの力」のことをコリオリの力と呼ぶのです。

回転しているグラウンドを地球におきかえて考えても同じです。宇宙から北極点を見下ろすと北半球は反時計回りで自転しているように見えます。同じように南極点を見下ろすと、南半球は時計回りです。コリオリ力は北半球では移動方向に向かって右向きに、南半球では左向きに働きます。

ここで風の仕組みに話を戻しましょう。西高東低の気圧配置だけを考えると、西風が吹きます。この風がコリオリ力の影響で少しずつ右向きに変わっていくと、北から南へ向かう風に変わります。これが冬に北

風が発生する仕組みと地球の自転が関わる曲げる力

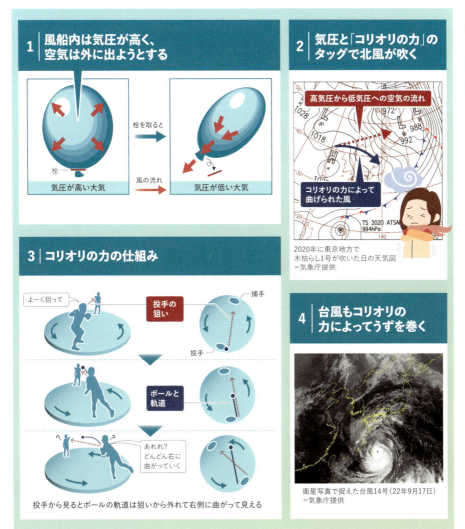

風が吹く仕組みです。

　もちろん、冬になると西高東低の気圧配置になることが多い点も重要です。冬の北半球では、太陽が照る時間が短くなります。特に北極に近い地域やロシア東部のシベリアなどでは、温度が上がらずにどんどん冷え込みます。

　暖かい空気が上に昇り、冷たい空気が下に降りてくることからもわかるように、冷たい空気は重い。地上付近に重い空気がたまることで高気圧を形成するのです。冬の日本の西側では「シベリア高気圧」が有名です。

　海ではどうでしょう。同様に日が照る時間が短くなりますが、陸地と比べ海は温度が下がりにくいです。海から比較的暖かい水蒸気が蒸発すると、上昇気流を生み低気圧を形成します。冬の日本付近では「アリューシャン低気圧」が知られています。

　北から吹く風が冷たいのはシベリアで冷やされた空気が流れてきているからです。きょう吹いた風はどこからきたのかを考えてみると、遠い国のことも身近に感じられるかもしれません。

 博士からひとこと

自転が関わる曲げる力、台風にも

　夏や秋に日本にやってくる台風の発生にも「コリオリの力」が関わっているよ。台風のもとになる熱帯低気圧が、うずを巻いて回転を始めるためにはコリオリの力が必要なんだね。

　熱帯で水蒸気の蒸発が盛んなところは上昇気流を生みやすく、低気圧になるよ。低気圧は中心部が最も気圧が低いため、中心に向かって風が吹き込む。そうした風がコリオリの力によって右向きに少しずつ曲げられることで、反時計回りのうずがつくられる仕組みだよ。

　台風の仲間のハリケーンやサイクロンも仕組みは同じだよ。南半球ではうずは時計回りになる。

　コリオリの力は赤道付近では弱く、北極や南極付近ではとても強い。水蒸気の蒸発が盛んな赤道直下では、うずを巻くために必要なコリオリの力が足りずに、台風をつくり出すようなうずができないんだ。

話を聞いた機関　気象庁など

飛行機雲はどうして伸びるの?

Part 5 天気のギモン

学校の帰りに空を見上げると、飛行機雲が細長く伸びていたよ。
夕日が当たって輝いていて、きれいだった。
飛行機雲は長く伸びるときもあれば、すぐに消えてしまうときもあるよね。何か理由があるのかな。

上空の湿り気が関係しているよ

　飛行機が飛んでいった後に、白く細長く伸びるのが飛行機雲です。エンジンから出てくる煙ではなく、水滴や氷の粒でできた「雲」の仲間です。雲は細かく分けると100種類以上あり、飛行機雲は「特殊な雲」に当てはまります。

　飛行機雲をよく見ると、2本だったり、3本だったり、4本だったりします。この数は飛行機のエンジンと同じなのです。

　そう多くはないですが、翼全体にできることもあります。これは飛行機雲ができる仕組みと関係しているのです。大きく分けると、エンジンから発生するものと、翼全体が関係している場合の2つのパターンがあります。

　その前に雲のでき方から説明しましょう。通常、雲は地表付近の空気が暖められ、上昇することで発生します。空気には、細かなちりと水蒸気が含まれています。

空気が含むことのできる水蒸気の量は決まっていて、気温が低くなるほど少なくなります。空気が上空に行くと圧力が低くなって膨張し、冷やされます。このとき、小さなちりの周りに水分がくっついて、水滴が発生します。冬の寒い日に、吐く息が白くなるのと同じです。

　さらに上空に行くと、さらに冷えて水が凍り、氷の粒になります。こうしてできた大量の水滴や氷の粒が集まったのが雲です。

　ここからは飛行機雲ができる仕組みを説明します。まずエンジンから発生するタイプについて話します。

　飛行機の燃料はストーブに使われる灯油とほとんど同じです。燃えるとセ氏300〜600度になり、高温の排ガスがエンジンからすごい勢いで噴出されるのです。

　飛行機は地上から1万メートルくらいの高さを飛んでいます。周りの気温はマイナス40〜60度で、氷をつくる冷凍庫の中よりも低いです。排ガスが上空のとても冷たい空気と混ざると、空気に含まれる水蒸気が凍って氷の粒になり、やがて細長い雲になります。だから飛行機雲はエンジンのすぐ後ろにできるのです。

　排ガスは燃料が燃えたことで生じる小さな粒子やススも含んでいます。粒子が氷の粒の芯になり、飛行機雲を発生させやすくしています。

　もう一つの翼から発生するタイプは、飛行機が空を飛ぶ原理と関係しています。空気がかなり湿っているときにできやすくなります。

　翼の断面を見ると、上側が丸みを帯びた形をしています。このため、翼の下側に比べて上側の方が空気が流れやすくなります。飛行機は時速数百キロメートルで飛び、翼の上下で空気の流れる速度が違ってきます。このため、翼の上下で大きな圧力差ができ、上に引き上げようとする力が発生します。これが巨大な機体が空に浮かぶ仕組みなのです。

　翼を通ってきた空気は後ろの方で混ざり合います。この際、翼の下側を流れてきた圧力の高い空気が膨張して冷やされます。

　雲ができる仕組みのところで、空気が含むことのできる水蒸気の量は決まっていると説明しました。上空の空気が湿っていると、膨張した際にすぐに限界に達して、水蒸気が水

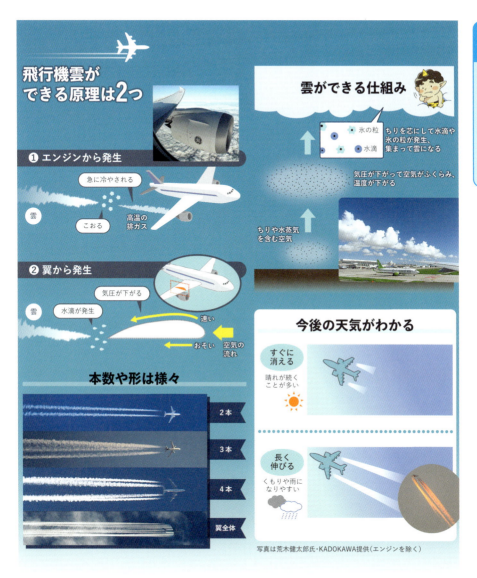

滴に変わりやすくなります。

　水滴でできているので、太陽の光の角度によっては虹のように7色に光る「彩雲」になることもあります。

　エンジンから発生する飛行機雲も上空の湿り気と関係しています。エンジンの排ガスが急速に冷やされて氷の粒ができても、空気が乾いていると氷が一瞬で消えてしまいます。飛行機雲が長く伸びているのは、上空の空気が湿っているからです。

　飛行機雲をよく観察すると、今後の天気を予測することができます。低気圧が西から近づいてくるときは、地上よりも上空の高いところから湿ってくることが多いです。天気は下り坂で、雨が近づいているサインとも言えます。

　反対に飛行機雲がすぐに消えると晴れが続くことが多いです。高気圧におおわれて水蒸気が少なく、大気が安定していることを意味するからです。晴れた日に飛行機が見えたら、飛行機雲を観察してください。

博士からひとこと

謎の白煙、その正体は…目の錯覚も

　2021年、沖縄県の上空で白煙を出しながら垂直に上昇する物体が目撃され、撮影した動画がSNSで話題になった。しかし、この白煙は飛行機雲の可能性が高く、垂直に上昇するように見えたのは目の錯覚だと考えられているんだ。

　撮影者に向かって真っすぐに近づくと上昇しているように見え、逆に遠ざかると落ちているように感じる。実際は同じ高さに水平にできている。「!」マークのように空に立っているように見える雲もときどき報告される。これも同じ仕組みで、目の錯覚なんだ。

　よく大きな地震があると「地震雲が出た」と話題になることがあるよね。しかし、雲は地震の前兆にはならないと考えられている。地震が起きる前の地下の状態が雲にどう影響するのかはわかっていない。仮に何らかの影響があっても、気象条件によって発生したものと区別するのは難しい。天気と違って雲で地震を予測するのは期待しない方がいいね。

話を聞いた人　気象庁気象研究所の荒木健太郎主任研究官

台風の目ってなんだろう？

Part 5 天気のギモン

夏を迎えると台風が日本にやってくる時期も近づく。
大雨と強い風が心配だけど「台風の目」に入ると晴れると聞いたよ。
台風の目ってなんだろう。目の中はどうなっているのかな。

強い遠心力、空気が外へ押し出されるよ

　まずは台風がどのようにできるかを見てみましょう。台風は地球の赤道に近い、暖かい海で生まれます。暖かい海では海水が太陽の日差しで暖められて蒸発し、大量の水蒸気が発生します。

　この水蒸気は空気の中を上昇していきます。水蒸気を持ち上げるのが「上昇気流」という、上向きの空気の流れです。上昇気流に乗って空高くに昇った水蒸気は、上空の冷たい空気に冷やされて、水滴や氷の粒に変わります。こうしてできた水や氷の集まりが雲です。

　コップにお湯を注ぐと湯気が出ますね。これは同じように、上昇した水蒸気が空気中で細かい水滴に変わるので、白く立ち上って見えるんです。

　雲に周りの湿った空気が流れ込むと、大きな積乱雲に成長します。積乱雲は夏の空でよく見かける入道雲のような、もこもこと盛り上がった

大きな雲のことです。

　雲が大きくなる途中で大量の熱が出て、周りの空気を暖めます。暖かい空気は軽いので、周辺より気圧が低くなります。空気は気圧が高い場所から低い場所に流れる性質があり、低気圧に向かって海面からの水蒸気を含む湿った空気が流れ込みます。流れ込む空気は北半球では地球の自転の影響で中心に向かって反時計回りに渦を巻きます。

　この繰り返しで渦が大きくなり、強い風雨を伴う熱帯低気圧へと成長します。台風は日本の南側にある北西太平洋や南シナ海で生まれた熱帯低気圧のうち、中心付近の最大風速がおよそ秒速17メートル以上に発達したものを指します。

　台風のエネルギー源は暖かい海から供給される水蒸気なんです。だから台風が北上して海水温が低くなると勢いが弱まり、やがて熱帯低気圧や温帯低気圧になって最後には消えます。

　人工衛星から撮影した写真を見ると、台風の渦巻きの中心にぽっかり穴が開いたような場所があります。これが「台風の目」です。雲がほとんどなく地上から青空が見える部分です。

　なぜ台風に目ができるのでしょう。カギを握るのが、台風の強風が生む「遠心力」なんです。詳しく説明しましょう。

　台風では中心の周囲を回るように強い風が吹いていて、中心に近づくほど強くなります。回転も速くなり、その遠心力が空気を外向きに押しやります。

　例えば速く走る車に乗ると、カーブで体が外側へ押されますよね。これが遠心力です。同じ力が台風の周辺を回る風に働いて、中心からある距離以上は近づけなくなります。この内側が台風の目になるんです。

　目がはっきりと見えるほど、台風の勢力が強いことになります。それだけ強い遠心力が働いているということなんです。台風の目は直径20～200キロメートルの大きさになります。

台風の目が晴れやすいのはなぜでしょう。台風の中心に吹き込めなくなって行き場をなくした空気は、周りをぐるぐると渦巻きながら上昇します。そしてこの上昇気流の中に雲ができるのです。

　この雲は高さ15キロメートルくらいまで発達し、目の周辺で壁のようにそそり立つことから「壁雲」と

台風の目ができる理由

ジェット機から観測した台風の目
(名古屋大学・横浜国立大学の坪木和久教授 提供)

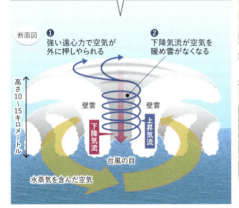

台風は右側のほうが風が強い

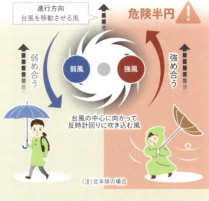

発生場所によって呼び方が変わる

2022年のハリケーン「イアン」が通過した後のフロリダ州

ひまわり8号から
撮影した台風の目

気象庁ホームページ ひまわりリアルタイムWebより

Part 5 天気のギモン

149

呼ばれます。壁雲の下では強い暴風雨が起きているのです。

壁雲の内側の目の中には「下降気流」という下向きの空気の流れができます。下降気流は上昇気流と反対に、空気を暖めて乾燥させます。暖まった空気の中では雲の水滴や氷の粒が蒸発して水蒸気に戻るから、台風の目は晴れた空になりやすいのです。

同じ台風でも場所によって風雨の強さが変わることがあります。これは台風の進行方向の右側（北半球の場合）で風が強まる仕組みがあるからなんです。右側では台風の中心に向かって吹き込む反時計回りの風と、台風自身を押して移動させる風が同じ方向を向いていて強め合います。勢力が増して危険だから、このエリアは「危険半円」とも呼ばれます。

その後、台風の目に入ると一時的に風雨が弱くなるけど、通過するとまた風雨は強くなります。台風が通り過ぎたと勘違いしないように注意が必要です。

博士からひとこと

飛行機で近づいて直接観測も

台風の目はいまだに多くの謎に包まれている。その不思議に迫るため、飛行機に乗って台風に近づき、巨大な雲の渦に入って直接観測する研究もされている。

名古屋大学などの研究チームは観測装置を台風の目や雲の中に投下する。装置が海に着水するまでの約15分間、気温や気圧、風向、風速などの様々なデータを計測して、リアルタイムで、1秒ごとに飛行機が積んでいる機器に送信する。

1回の観測で20～30個の観測装置を投下する。2日間の観測で約3000万円の費用を使う。2017年の台風21号をはじめ、これまでに複数の大きな台風を観測してきた。

台風の強さや進路は主に、地上の観測所や気象衛星から得られる雲や風雨の観測データを予報モデルに取り込んで予測する。だが強い台風ほど予測が難しく、大きな誤差が生じやすい。直接観測で得たデータは予測の改善に利用されている。

話を聞いた人 名古屋大学宇宙地球環境研究所・横浜国立大学台風科学技術研究センターの坪木和久教授

天気はどうやって予想するの?

テレビで週間天気予報を見たよ。あしたの天気なら、雲の動きや風の流れでなんとなくわかりそうだけど、7日も先のことが予想できるなんてすごい。いったいどういう仕組みで天気を予想しているのかな。

Part 5 天気のギモン

仮想の地球で計算しているよ

あしたの天気は予想しやすいですね。東日本に住んでいる人が西日本の天気を見ると、次の日が晴れそうか雨が降りそうかおおむねわかります。でも気象庁は衛星写真や世界各地で集めたデータなどから天気を予測しています。

「数値予報」と呼ぶ手法です。コンピューター上に仮想の地球を作り出して、集めたデータを入力します。どのように変化するかを計算して求めます。1時間先の降水予報から週間天気予報、さらには7カ月先の予報まで作れます。

では仮想の地球とはどんなものでしょう。地球を取り巻く大気をいくつものブロックに分けます。そのブロックの中で空気や水蒸気がどのようにふるまうかを計算することで、どこで雲ができそうか、

どこで大雨が降りそうかを予測することができます。

例えば、気象庁が活用している地球全体を再現した「全球モデル」と呼ぶ計算式では、地球全体を13キロメートル四方に区切っています。地球の一周は約4万キロメートル。つまり赤道上だけで3000個以上のブロックがあります。大気も何層にも分けて考えるから、実際に計算に使うブロックは数万に上ります。

計算に使うデータは全世界の気象機関が連携して観測しています。ゾンデと呼ぶ気球を上空30キロメートル付近まで飛ばして気温や湿度、風の向きなどを調べています。観測する時刻は世界で統一されていて、協定世界時の午前0時と午後0時と決まっています。日本では午前9時と午後9時にあたります。

天気予報といえば、都道府県ごとに天気や降水確率を示すものが身近ですが、1カ月以上先の未来の気象を分析することもできます。気象庁では1カ月予報や3カ月予報、季節予報といった長期の予報も発表しています。都市ごとの天気ではなく、北日本や西日本といった大きな地域ごとに気温や降水量などが平年と比べて高いか低いかを分析します。

天気を左右するのは大気の状態だけではありません。特に1カ月を超える長期間の予想になると、海面水温の高低も強く影響してきます。そこで大気と海洋の関係を整理した計算式を使います。「大気海洋結合モデル」と呼ぶもので、ノーベル物理学賞を受賞したアメリカのプリンストン大学の真鍋淑郎さんらが開発しました。

海面水温が高いと、大気中に放出される水蒸気の量も増えます。水蒸気の量が多いと雲ができやすくなりますし、雨も多くなる傾向にあります。真鍋さんはこの計算式をさらに発展させて、海が二酸化炭素（CO_2）をどれくらい吸収できるかなどがわかるモデルを作りました。

気象庁の長期予報では「アンサンブル予報」も用います。観測データにわざと誤差を与えて複数の結果を導き出し、それぞれの予想を組み合わせて正確性を高める手法です。まるで音楽で2人以上が同時に演奏する「アンサンブル」のよ

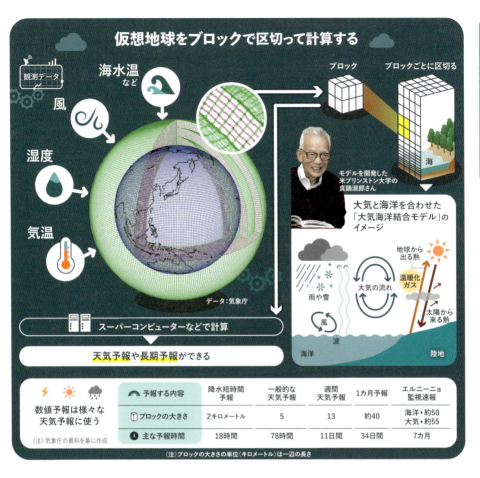

うです。

　数値予報の概念が提唱されたのは約100年前です。1904年にノルウェーの気象学者、ビヤークネスが最初に提唱しました。「初期の正確な大気の状態と、大気を変化させる物理法則について十分正確な知識があれば合理的な天気予報ができる」。つまり、データと計算式があれば未来の天気は予測できる、と考えたわけです。

　でもなかなかうまくいきませんでした。当時はスーパーコンピューターどころか、電卓も存在しなかったため、計算に時間がかかりまし

た。1920年ごろには、イギリスのリチャードソンが、手計算でドイツ・ミュンヘン近くの気圧変化の6時間予報を試みましたが、1カ月以上かけて算出した予測の値は大外れ。データも不十分で、予報になりませんでした。

壁を破ったのはコンピューターの登場です。アメリカのフォン・ノイマンは1950年、アメリカ大陸上空の大気の1日予報に成功しました。業務としての数値予報は1954年にスウェーデンで始まり、1955年に米国、1959年には日本でも始まりました。

地球上では、必ず物理法則にのっとって現象が起きます。お天気の舞台となる大気中でも同じです。物理法則は計算式で表現できるので、計算に使うデータさえそろえば、かなり厳密に未来の大気の様子が予想できます。いまはデータを集める観測装置の技術も発展していて、天気予報の精度は高まっています。

博士からひとこと

空を見てできる天気予報も

気象の知識があると、空を見上げるだけでどのように天気が推移するかを予想することができるようになる。観天望気といって、数値予報が使われるようになるまでよく使われた方法だ。

例えば、灰色のベールのような「おぼろ雲」が空一面を覆った場合。これは高層雲が空に広がっている状態だ。

高層雲は、冷たい空気の縁を暖かい空気が上っていく「温暖前線」が発生したときにできやすい雲で、しとしと雨をもたらすことが多い。そのため、「おぼろ雲が見えたら次第に雨が降る可能性が高い」と予想できるんだ。

他にも、富士山のような高い山のてっぺんに笠をかぶせたような「笠雲」がかかることがある。笠雲は湿った空気が強い風で山にぶつかることでできる雲として知られているよ。笠雲ができるときは、山の西側には温帯低気圧の中心があることが多い。今後雨が降る可能性があるということがわかるんだ。

話を聞いた機関　気象庁天気相談所

Part 5 天気のギモン

山火事はどうして増えているの?

カナダやヨーロッパですごく大きな山火事が起こったというニュースを見たよ。2023年にカナダが山火事で失った面積は過去最大なんだって。どうして山火事が起こるのだろう。火はすぐには消せないのかな?

二酸化炭素の吸収、森林焼失で黄信号

　カナダでは2023年、山火事で16万平方キロメートル以上が焼けました。これはこれまでで最も焼失面積が広かった1989年の2倍以上の広さです。同年6月には煙がアメリカの東海岸にも流れました。ニューヨークなどでは空がオレンジ色に染まり、大気汚染が深刻化しました。

　世界各地で森林火災は悪化しています。アメリカのシンクタンク「世界資源研究所」によると、年間の焼失面積は20年前の2倍近くに広がっています。近年最も被害が大きかった2023年には、全世界で日本の国土面積の約3分の1にあたる約1,200万ヘクタールが山火事のために失われました。

　山火事の頻度を決めるのは、①発火の原因 ②燃えるものの存在 ③その燃えやすさ の3つ。まず発火の原因は、北米では落雷が8〜9割を占めるとされています。日本など北米以外の地域では人間の行いによるも

のが最も多く、主に火の不始末と焼き畑の延焼が原因です。

雷は積乱雲という雲の中で発生します。地面が温められると、空気は軽くなり上昇します。上空で気圧が低下すると空気が膨張して、温度が下がり水滴が生じて雲になります。このとき大気が不安定で強い上昇気流があると、大きく発達した積乱雲になるのです。温暖化によって積乱雲ができやすくなるといわれています。

上空で気温が大きく下がると積乱雲のなかに氷の粒ができ、それが互いにぶつかると静電気が生じ雲のなかにたまり、この電気が放出されると雷になります。日本では積乱雲が雨を降らせ、雷雨となることが多いけど、北米は日本よりずっと乾燥していて、雨は上空で蒸発してしまうので雷だけが落ちることが多く、それが山火事を引き起こすのです。

日本でも年間に約1000件ほど山火事が起きています。キャンプで使った薪やたばこの火の不始末がほとんどです。ただ日本は雨が多く湿度が高いため、燃え広がることは少ないのです。

焼き畑はアフリカやアジア、南米でよく行われています。森林や草地に火を放ち、焼け跡を農地として使います。こうした地域では雨期と乾期があり、雨期が訪れる前に焼くことが多いのですが、温暖化の影響で近年は雨がなかなか降らなくなってきています。雨期に入っても乾燥しているため、燃え広がりやすくなってしまいました。

②の燃えるものというのは、木や草などのこと。砂漠はどれだけ乾燥しても燃えるものがないので山火事は起こりません。燃えるものがあっても、実際に燃えるかどうかは、乾燥の度合いに左右されます。北米やシベリア、特に北方の森林地域は年中雨が少ないです。冬は雪があるけど、夏は気温が上がるうえに雨が降らないため、木や葉から水分が蒸発して乾燥し、火が近づくと燃えてしまいます。だから夏に山火事が多く見られるのです。

風も危険をもたらします。風が強いと、木や葉はさらに急速に乾燥します。洗濯物も、風が強い日は乾きやすいですよね。それに、風が強いと、いったん火がつけば一気に燃え広がってしまいます。

2023年は熱波が極端に強く、カナダやヨーロッパでは乾燥した熱い空気がいすわり、ヨーロッパでは連日40度を超える記録的暑さが続きました。そのため木や葉の乾燥が進

森林火災は悪化している

頻度を決める3つの要素

❶ 発火の原因
- 落雷など
- 火の不始末や焼き畑

❷ 燃えるものの存在
- 木や草、土

❸ 燃えやすさ
- 乾燥の度合い
- 風の強さ

世界の山火事は悪化傾向

2023年、カナダで起きた山火事は過去最悪だった

keithsutherland/Getty

欧州では2023年、熱波が極端に強かった
（写真はスペイン）

Mike Peel

山火事による世界の焼失面積

（出所）世界資源研究所

| 温暖化で拍車 | ◆熱波や気温上昇のために草木がどんどん乾燥
◆雷が発生しやすい傾向に |

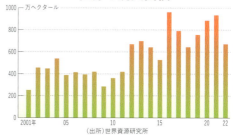

2023年夏
カナダ・ケベック州で発生した
山火事の煙に覆われた
ニューヨークの街

Marc A. Hermann/MTA

Part 5 天気のギモン

んでしまい、山火事を防ぐためできるだけ外で火を使わないようにしよう、という呼びかけも行われました。

一見、湿気たっぷりの湿原も、冬になると枯れた植物が積もった上に落ち葉の層が重なり、乾燥が続くとよく燃えてしまいます。1997年にインドネシアの湿原が燃えたときは、全世界で化石燃料によって1年間に排出される二酸化炭素の13〜40パーセントの量が発生しました。地球温暖化のために、山火事のリスクはますます高まっています。

2022年の国連環境計画の報告では、山火事が大規模になるリスクは、2030年までに14パーセント、2050年までに30パーセント増加すると予測されています。

過去20年の山火事の大半は、シベリアやカナダの北方林で発生しました。でも、オーストラリアやアメリカのカリフォルニア州など、これまで燃え広がりにくいとされていた地域でも山火事が増えています。山火事は今後もさらに増える恐れがあり、頭の痛い問題となっています。

 博士からひとこと

失われる森の役割

森林は木を育て木材を産生する、洪水や渇水を和らげる、山崩れを防ぐ、二酸化炭素を吸収する、野生の動物や植物を育むなど、多くの役割を担っているんだ。森林火災が起きると、これらの働きがすべて失われてしまう。

オーストラリアの大学などの調査によれば、2019〜2020年に同国で起きた大規模火災で、21種の絶滅危惧種を含む800種以上の在来脊椎動物が大きな被害を受けた。3種類は生息域の8割以上、16種類は生息域の5〜8割を失ってしまったんだよ。

カナダからは最近、森林がかつてのように二酸化炭素を吸収する存在ではなく、排出する側になったとの衝撃的な報告があった。伐採で森林の面積が減る一方、頻発する火災のために二酸化炭素の排出量が急増。2001年ごろに排出が吸収を上回ってしまったという（ただし調査対象はカナダ政府管理の森林のみ）。森林火災の増加は人類にとって深刻な問題なんだ。

話を聞いた人　日本大学の串田圭司教授

Part 6

食べ物のギモン

ハチミツはなぜ甘いの？

ハチミツをぬったトーストを食べたらとてもおいしかったよ。
ハチミツはミツバチが集めてくるのは知っているけど、
どうしてあんなに甘い味になるのかな。
どうやってハチミツをつくっているんだろう？

ミツの水分を減らし糖度を高めているんだよ

ミツバチが花のミツを集めてつくるのが**ハチミツ**。パンやホットケーキにかけるハチミツをつくるのは主に**セイヨウミツバチ**と呼ぶ種類です。

1匹が1度に集められるミツの量は約20〜40ミリグラムとごくわずかですが、集めては巣に持ち帰ることを何度も繰り返しています。巣には通常、1匹の女王バチと数百匹のオスバチ、数万匹に上る非常に多くの働きバチがいて、ミツなどを食料にして暮らしています。

ミツバチにとって、花がほとんど咲かない冬の間の食料の確保は重要です。春から秋にかけて集めた食料を大切に取っておかないといけません。冬を越すためには、1つの巣あたり約15〜20キログラムのハチミツが必要だといわれています。ただ、そのまま巣の中に保管しておいたら、悪くなってしまいます。冷蔵庫はありません。

そこでミツバチは花のミツにいろんな工夫を加えています。その1つが、ミツに含まれる水分を減らすことです。水分があると微生物が増え、くさる原因になってしまいます。人間も野菜を漬物にしたり、豚肉をベーコンやハムに変えたりして長持ちするようにしています。これは野菜や肉の中に含まれる水分を塩の力で減らしているんです。

ミツバチは花のミツを風に当てて水分を減らし、長い期間保存できるようにしています。巣の中の気流を生かして風に当てているのです。その過程で濃縮するようにして糖の割合も高めています。ミツは糖度がだいたい20〜60パーセントなんですが、完成したハチミツは約80パーセントになっています。

もともと糖度の高いミツを出す植物に飛んでいって集め、糖度をお手軽に高める方法もあります。アカシアやレンゲ、クローバーのハチミツはお店でもよく売られています。これらはいずれもマメ科の植物で、種類によっては50パーセントを超える高い糖度のミツを出します。

実は、ほかの虫は糖度の高いミツを集めるのが得意ではありません。水分が少ない分、吸い込むのが難しいからです。でもミツバチはスプーンとストローを組み合わせたような特殊な口をしていて、糖度が高くても上手にミツを集められます。ほかの虫と争わずにすみ、糖度を高める手間も省けて、ミツバチにとっては一石二鳥です。

糖度を高くするには、仕事の役割分担と品質のチェック体制も大切です。ミツバチは同じ巣に暮らしていても、外に出てミツを集めてくる係と、巣の中に入れてよいかを判断する係などが分かれています。

そもそもミツバチは、花から吸い取ったミツをどうやってためているか知っていますか。ミツをおなかの中にある蜜胃という袋にため、いっぱいになると巣に帰ってきます。

ミツを吐き出して品質管理係に渡すのですが、その際に審査があります。一定以上の糖度があるものの方が受け入れてもらいやすいのです。貯蔵係のミツバチたちは、巣の中に入れたミツを吸ったり吐いたりしながらリレー形式で受け渡し、巣の奥に運んでいきます。この過程でも水

分を減らし、糖度を高めています。

体に出し入れするなんてびっくりするかもしれませんが、ミツバチにとっては単に運ぶ以上の意味がある作業なんです。だ液に含まれる酵素がミツに混ざり、その過程で糖の種類が変わるのです。これもハチミツを長い間保存可能にする工夫なのです。花のミツに多い「ショ糖」を「ブドウ糖」や「果糖」という別の糖に変えています。

料理に使う白い砂糖は粉が一般的だけど、ハチミツはとろっとした液体です。私たちが食べるハチミツが固まりにくいのも、このおかげです。十分に水分が蒸発し濃縮されたミツはミツバチが体からロウを出してフタをして貯蔵します。

ハチミツは水分が20パーセント程度しかない食品です。これは乾燥させたスルメイカと同じくらいです。ハチミツには複数の糖類が混ざっていて、甘みを際立たせたりする物質も含まれています。ミツバチが自らの食料を守るための作業が、人間に甘い食べ物をもたらしているのです。

博士からひとこと

温暖化などで生存の危機も

ミツバチは、人間にとってありがたい存在だけど、その生存を心配する声も上がっている。

原因の一つは地球温暖化だよ。ミツバチが病気になったり成虫になれなかったりする問題が発生しているんだ。これはミツバチに寄生するダニが引き起こしている。ミツバチを飼って暮らしている人たちにとって、頭の痛い問題だよ。

女王バチは一般に、冬の間は産卵をしない。このため、ダニも冬はあまり増えなかったんだ。でも温暖化で冬も暖かい日が続くと、ダニも死ぬことなく、ミツバチの巣の中で冬を越すようになった。

ミツバチの子育てが本格化する春にもたくさんのダニがいて、病気になるケースが増えてしまったんだ。ハチミツの採取以外にも農作物の受粉などに使われているミツバチが、絶えることのないように考えないといけないね。

話を聞いた人　玉川大学の中村純名誉教授

カレーは2日目がおいしいのはなぜ？

料理好きの友達と一緒にカレーライスを作って食べたんだ。
友達は「1日おいて食べると、もっとおいしくなるよ」と話していたよ。
同じカレーでそんなに味が変わるのかな。
何かおいしくなる理由があるのかな。

具材や香りの「調和」がカギをにぎっているんだ

明治期にイギリスから日本へ伝わったカレーライスは、子どもから大人までの幅広い年齢層で人気が定着したといえます。国民食にも例えられるほどです。訪日観光客が増えてきた最近は、海外の人が「日本のカレーライスはおいしい」とSNSで話題にしているようです。

「家で作ったカレーは2日目の方がおいしい」という話をよく耳にします。もう25年以上も前のことですが、あるメーカーのテレビコマーシャルで有名な料理研究家が「一晩ねかせた味に」といったことが後々、伝説のように語られるきっかけになったといわれています。

この説は現在、正しい面もあるし誤っている面もあると受け止められているんです。それはカレーの種類によるからです。

カレーには大きく2つの種類があります。ひとつはイギリスから伝わった

欧風カレー。もうひとつがインド発祥のスパイス系カレーです。2日目になるとおいしくなるというのは欧風カレーに当てはまりますが、スパイス系カレーには当てはまらないのです。

　大きな違いに、使う具材があります。欧風カレーはジャガイモやニンジン、タマネギなどの野菜と牛や豚などの肉を具材に使い、ぐつぐつと煮込みます。その後にカレー粉を入れます。ジャガイモや小麦粉に含まれているでんぷんは、煮ているうちにとろみを増していきます。

　熱で肉の中にうまみ成分「イノシン酸」が少しずつできてルーに出始め、野菜の中でもうまみ成分「グルタミン酸」と甘みが生まれ、しみ出していきます。カレー粉に入っていた香辛料から揮発しやすい香りの成分がどんどん飛び出していくのです。

　欧風カレーの初日はルーにしみ出した甘みやうまみがまだ十分、肉や野菜などに入り込んでいません。香りも強く感じます。これはこれでおいしいのですが、味や香りが個々に際立った感じにとどまっているといえるのです。

　いったん火を止めると、まだ温かい肉からうまみが、野菜からもうまみと甘みが、冷めたルーに出ていきます。それでルーのおいしさが増します。2日目に温め直すと、今度はルーのうまみや甘みが、濃度を均一にしようとする作用で肉や野菜にしみ込みます。初日に強かった香りもまろやかになります。

　でんぷんと油が一体化する「乳化」も進みます。それでカレー全体の舌触りがよくなり、具材などの味をよりじっくりと感じられるようになるのです。具材とルー、香りがうまく調和の取れた状態になり、これが前の日よりおいしいと感じる理由だと考えられています。素材と味付けの調和を大切にする和食になじんできた日本人にとって、2日目の欧風カレーは相性がいいのかもしれません。

　一方のスパイス系カレーは、基本的に様々な香辛料をいためて調理します。煮込んでできるとろみとは無縁のカレーなのです。作った直後の鮮烈な香りがおいしさの決め手になるし、時間がたつと香りはなくなってしまいます。気の抜けた炭酸水のように、おいしくなくなるのです。それにインドでは残ったカレーを保存する習慣もまったくありません。

カレーは大きく 欧風カレー と スパイス系カレー に分かれる

	🇬🇧 英国	発祥	🇮🇳 インド
主な材料	・カレー粉 ・牛や豚などの肉 ・ジャガイモ、ニンジン、タマネギなどの野菜		・ターメリック、クミン、コリアンダー、クローブ、カルダモンなどの香辛料 ・鶏肉、野菜、豆
とろみ・粘り気	基本的にしっかりとある		少ないものから多いものまで様々
あじわい	うまみや甘み、コクがある		さっぱりしていて刺激感がある
	一晩置くとおいしさが増す		作ったときに食べて保存しない

(注) カレー総合研究所による分類

カレーにまつわるミニ情報

欧風カレーの起源はインドだ。18世紀の後半に英国が原料の香辛料と米を持ち帰った

インド北部のカレーはチャパティやナンと一緒に、南部では長粒米と食べるようだ

パキスタンやタイ、インドネシアでもスパイス系カレーが定着

日本では麺類にカレーをかけたカレー南蛮、中にカレーを入れたカレーパンが誕生

調理によってルーや具材に変化が起きる

1日目 欧風カレー

揮発しやすい香りが強い

野菜から甘みやうまみ成分（グルタミン酸など）がルーにしみ出す

肉からうまみ成分（イノシン酸など）がしみ出す

2日目

香りが穏やかになる

ルーのとろみが増し舌触りがよくなる

ルーから野菜・肉に甘みやうまみがしみ込む

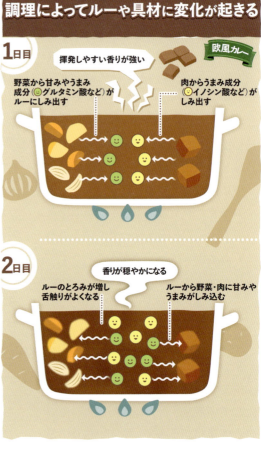

⚠️ 食中毒に注意 ⚠️

熱に強い「ウエルシュ菌」が繁殖する危険がある

保存する場合は、冷ました後に小分けにして冷蔵庫に入れる

実は日本では最近、スパイス系カレーの人気が高まってきて「2日目のおいしさ」を強調する声はあまり聞かれなくなってきました。欧風カレーとスパイス系カレーを融合させた「スパイス欧風カレー」も登場して、スーパーなどで人気が出始めているようです。

メーカーも1日ねかせたカレーを推奨していません。特に夏になると、食中毒の危険が高くなるからです。カレーやシチューでよく問題にされる「ウエルシュ菌」は熱に強く、空気がないところで生き残ります。煮込んでも決して安心できないし、肉や根菜についている可能性があるから油断できないのです。

家で作ったカレーはできるだけその日のうちに食べるようにした方がいいです。でもたくさん作ると、一度にはなかなか食べきれないですね。やむを得ないときは、冷えた後、小さな容器に分けて冷蔵庫で保存するようにしましょう。

博士からひとこと

「おいしさ」の研究
発展途上

何をおいしいと感じるか。これは栄養学や食品科学のような単一の研究分野で全貌を解明できない複雑な問題だ。自然科学でも生理学や神経科学など隣接する分野は様々あり、さらに文化や習慣などとの関係も深い。研究はまだ発展の途上にある。

例えばトウガラシが含む辛み成分のカプサイシンは、味覚ではなく舌の痛覚が感じる。体に有害な物質なので早く分解しようと胃や腸が活発に働く。毒を体外に排出しようと血行がよくなり汗を出す。

このとき脳では鎮静作用のあるエンドルフィンという物質が作り出される。疲労や痛みを和らげる働きがあり、それによってもたらされた陶酔感が「またトウガラシを食べたい」という気持ちを起こす。

ワインや日本酒はだれが、いつ、どこで作ったのかによって味わいが大きく変わる。「調和の取れた味わい」や「まろやかな香り」などのおいしさは、謎に包まれている。

話を聞いた人　カレー総合研究所の井上岳久代表

かき氷ふわふわにするには どうすればいいの?

縁日でかき氷を食べたよ。お店で食べるかき氷は、ふわふわで口のなかでさっと溶ける。あの食感はどうやって作るのかな? 特別な氷を使ったり、作り方を工夫したりしているのかな。私もふわふわのかき氷を作りたいな。

きれいな氷を作ることが大事なんだ

　ふわふわで口溶けのよいかき氷を作るには、氷をかつお節のように薄く均一に削る必要があります。氷を薄く削るには、削る前の氷のかたまりの作り方と、削るときの温度がポイントになります。

　そもそも、氷ってなんでしょう。私たちが飲んでいる水のなかでは、水の分子が自由に動き回っています。温度が下がっていくと水分子は次第に動きを止めて、規則正しく並んで結晶を作ります。これが氷です。

　水の分子は、酸素原子1個と水素原子2個が「く」の字の形に結合しています。結晶ができるときは、この酸素原子と結合した水素原子が、別の水分子の酸素原子と引きつけ合って手をつなぎます。こんなふうに、水素をなかだちにして原子どうしが結びつくことを「水素結合」と呼びます。

　氷の結晶では、1個の酸素が4個の酸素と水素結合し、ピラミッドの

ような正四面体を作ります。これが上下左右に並んで、結晶を作っているのです。この結晶をある角度から見ると、酸素原子が六角形に並んだ構造になっています。氷の結晶がきれいな六角形に成長していくのはこのためです。

　物質全体が1つの大きな結晶になっていて、どこを見ても原子が同じ方向に規則正しく並んでいるものを「単結晶」と呼びます。ただ、氷は単結晶ではなくて、単結晶の粒がたくさん集まった「多結晶」です。

　氷を薄く均一に削るには、単結晶の粒と粒の間に、できるだけ空気や不純物が入っていない、きれいな氷を作ることが何より重要なのです。

　冷凍庫で凍らせた氷は、中が白くなっていますよね。あれは空気がとじ込められているためなんです。空気や不純物が入っていると、氷に刃が入ったときに薄く削ることができず、氷が壊れて崩れてしまいます。そうするとジャキジャキとした、口当たりの悪い氷になります。

　空気ができるだけ入らないようにするには、凍らせる前に水を沸騰させるといいです。凍らせるときには普通の冷凍庫のようなマイナス18〜20度ではなく、マイナス1〜2度でゆっくり凍らせながら、表面を水などで洗い流すのがコツです。水分子は水素結合をするときに、不純物を外に押し出そうとします。表面を洗いながら凍らせると、押し出された不純物が除かれて、きれいな氷になります。結晶の粒が大きくなることも特徴です。

　氷を削るときの温度にも注意しましょう。凍らせるときと同じ、マイナス1〜2度くらいがちょうどいいです。冷凍庫から取り出してすぐに削るのでなく、少し置いておくと、氷がやや柔らかくなります。この柔らかくなる理由も、結晶の変化によって説明できます。

　結晶を作るときに水分子が水素結合を作ることは、さっき説明しました。外部から力が加わると、温度が低いときは結合が切れて、そのままになります。ただ温度が高くなるにつれて、水分子が動きやすくなって、結合が切れても隣の分子と再び結合しやすくなるのです。

　こうした水素結合のズレが起きることで、氷に粘り気がでます。変形

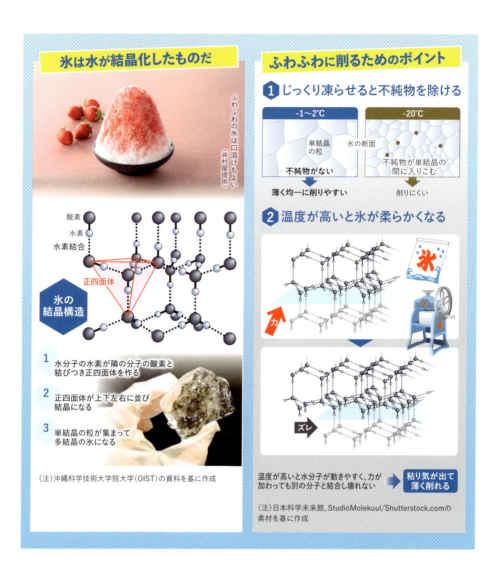

する力が外部から加えられても、氷が壊れにくくなるのです。冷凍庫から取り出したばかりのカチカチの結晶だと、一部に力が集中して、氷が壊れてしまいやすいのです。

温度が低いと壊れやすくなる、という現象は、生活の中でも感じることがあるんじゃないでしょうか。例えば板状のチューインガム。冷たくなるとガムは固くなって、パキッと折れてしまいやすくなります。

かき氷に話を戻しましょう。まとめると、ふわふわのかき氷を作るには、ゆっくり不純物を取り除きながら凍らせて、きれいな氷を作る。そして削るときは、氷温がマイナス1～2度の比較的高めの温度で削るようにしましょう。

自分でかき氷を作るときは、お店で売っている氷や、自分の家で作った氷などをいろいろ試してみると面白いかもしれません。もしおいしいかき氷が作れたら、先生にも作り方を教えてくださいね。

Part 6 食べ物のギモン

博士からひとこと

シロップ、色素を工夫し光に強く

かき氷は、色鮮やかなシロップがかかっていると、よりおいしく見えるよね。イチゴ、メロン、抹茶、ハワイアンブルー。たくさん味があるけれど、どれも液糖をベースに色素を加えて作っているんだ。鮮やかな色が長持ちするような工夫もしているよ。

例えば抹茶を配合したシロップには、光合成を担うクロロフィルという緑色の化学物質が含まれている。クロロフィルは金属のマグネシウムを中心に持つ構造をしているんだけど、光や熱に触れるとマグネシウムが抜けて、緑色でなくなってしまう。容器でアルミニウム箔を加工したフィルムを使っているのは、光による変化を抑えるためなんだ。

酸性やアルカリ性の度合いが変わると色が変わってしまう色素もある。例えばイチゴシロップの赤い色素は、やや強い酸性のときに明るく発色する。なので色素の量とあわせてpHが3程度の、やや強い酸性になるように調整しているんだ。

話を聞いた人・会社　東京海洋大学の鈴木徹名誉教授（食品冷凍技術推進機構　代表理事）
井村屋

お餅はお米で作るのになんで伸びるの?

お正月にお雑煮を食べたよ。
お餅がすごく柔らかくて、よく伸びた。
あれ、でもお餅って、ごはんと同じお米から
できているはずなのに、なんで伸びるのかな?

でんぷんの成分の割合がごはんと違うんだ

　お正月の食卓で主役と言えばお餅ですよね。雑煮には通常、丸餅や角餅のどちらかが入っています。同じコメでできているおにぎりやお茶わんのごはんは、かんでもすぐにつぶれてしまうのに、お餅はよく伸びます。コメが含むでんぷんに秘密があるのです。

　同じコメでもごはんは「うるち米」で、お餅は「もち米」でできています。見比べるとわかります。もち米は白く濁っています。これに対し、うるち米は半透明です。でんぷんの成分の割合がずいぶん違います。

　でんぷんには、アミロースとアミロペクチンの2つの成分があります。どちらもブドウ糖がたくさんつながってできています。

　アミロペクチンは枝分かれが多

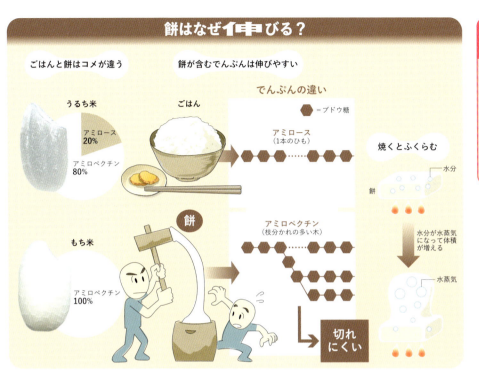

く、たくさんの幹と枝を持った木のような形になっています。水を加えて加熱すると、水を取り込んでのり状になり、伸ばしても形が変わるだけでかんたんには切れません。アミロースは1本のひものようにつながり、枝分かれが少ないため水を取り込みにくいのです。もち米のでんぷんは、すべてがアミロペクチンです。だから伸びるのです。

　もち米を水に十分ひたして蒸すと、アミロペクチンが水を含み、縮んでいた枝が伸びます。この状態で

もち米をつくと、米粒がつぶれてのり状になり、アミロペクチンは水を取り込んだまま枝がからみ、柔らかくて伸びるお餅になります。

　コメの成分の4分の3ほどは炭水化物が占め、その90パーセント以上はでんぷんです。米粒をナイフで切って電子顕微鏡で見ると、角張ったでんぷんの粒がよく見えます。

　ごはんのうるち米には、アミロースとアミロペクチンの両方が含まれています。アミロペクチンの比率が高いとモチモチした食感になり、

低いとパサパサになります。

「コシヒカリ」や「ひとめぼれ」など国産米の大半はアミロペクチンの比率が8割前後ですが、海外では7割を下回る品種もあります。ごはんでも、国産米は海外のコメに比べてモチモチした食感のようですね。だけど、お餅のようには伸びません。

お餅はついてから時間がたつと硬くなります。温度が下がると、水を取り込んで伸びていたアミロペクチンの枝が、だんだんと縮んでしまうからなのです。「でんぷんの再結晶化（老化）」と呼ぶ現象です。

硬くなったお餅を焼くと、また柔らかくなるのは、お餅の中に残っている水分を取り込んでアミロペクチンの枝が再び伸びるからです。

お餅が伸びるためには、でんぷんの特徴だけでなく適度な水分と熱も必要なのです。焼いたお餅がふくらんでくるのを見たことがありますか。これはお餅の内部に閉じ込められた水分が水蒸気となり、体積が増えるからです。

お餅や和菓子の柔らかさを保つために、トレハロースと呼ぶ糖類や、でんぷんを分解する酵素のアミラーゼを使うこともあるそうです。最近は、添加物を入れなくても柔らかさが長持ちするようなもち米（品種）も作られています。

博士からひとこと

でんぷんの使い道幅広く

でんぷんは、植物が光合成によって水と空気中の二酸化炭素（CO_2）から作り出す物質だ。いったん糖に分解され、種子やイモに送られて再びでんぷんになる。いろいろな作物に含まれ、食品にもなる。もち米から作る白玉粉はでんぷんを多く含み、団子や大福などに使う。ジャガイモに含まれるでんぷんは「馬鈴薯でんぷん」、トウモロコシは「コーンスターチ」として様々な食品に加工される。

例えば、コーンスターチはプリンなどを固める材料としても使われている。エタノールに変えて燃料にするなど使い道は幅広い。

話を聞いた人 農業・食品産業技術総合研究機構の梅本貴之グループ長

ほくほくの石焼きいも どうしてあまーいの?

Part 6 食べ物のギモン

近くのスーパーで石焼きいもが売っていたよ。
買って食べたらおいしかった。同じサツマイモでも電子レンジで温めるとあまり甘くないけど、石焼きいもはすごく甘い。
なんでそうなるのかな。

じっくり焼くとでんぷんが糖に変わるからだよ

　とりたてのサツマイモが出回る時期がありますね。生のサツマイモにはでんぷんがたっぷり含まれています。その量は重さの30パーセントくらいになるそうです。でんぷんはコメやジャガイモにも多く入っていますが、焼いたり蒸したりしても、サツマイモのように甘くはなりません。なぜなんでしょう。

　サツマイモには、ジャガイモやコメには少ない「アミラーゼ」という物質が入っているのです。学校では、食べ物を体に吸収されやすいように分解する消化酵素として習います。アミラーゼは口の中のだ液にも含まれています。

　このアミラーゼには、でんぷんを分解して「麦芽糖」という甘い物質にする働きがあります。でんぷんはブドウ糖という小さな甘い物質でできています。ですが、ブドウ糖が鎖のようにつながっているので、食

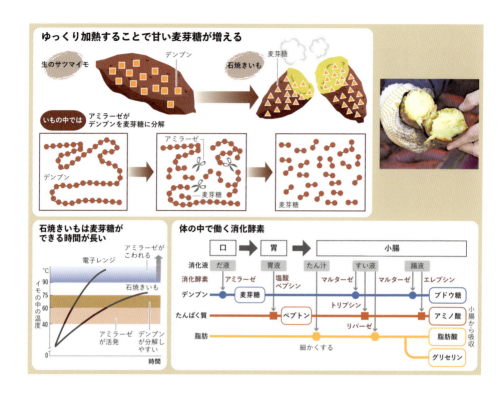

べても甘くはありません。麦芽糖まで小さく分解されると、甘く感じるようになるのです。

アミラーゼはでんぷんの鎖を切り刻むハサミのようなものです。サツマイモに熱を加えて調理する間にアミラーゼの働きで、でんぷんが麦芽糖に変わります。ごはんをかみ続けていると甘くなるのも、コメのでんぷんが麦芽糖に分解されるからです。

サツマイモをラップでくるんで電子レンジで加熱したときに「あれ、甘くない」と感じたことはありませんか。石焼きいもだと、すごくあまくておいしいですよね。この差はなぜ生まれるのでしょう。実は加熱の仕方の違いにあります。

アミラーゼは温度がセ氏40〜60度でよく働き、90度を超すとほとんどが壊れます。一方、サツマイモの中のでんぷんはセ氏60〜75度のときに分解されやすくなります。中の温度がセ氏40〜75度の時間が長いとアミラーゼがよく働いて、デンプ

ンも分解されやすくなります。だから麦芽糖が多くできるのです。電子レンジを使うと、イモの中がすぐに熱くなってしまうから、でんぷんが分解される時間が短くなってしまいます。

石焼きいもは火であぶった石をサツマイモにかぶせてじっくり焼きます。石の熱がゆっくりイモに伝わるので、アミラーゼが働く時間が長くなります。グラフにすると、甘くなる温度帯を時間をかけてゆっくり通過しているのです。

じっくり加熱すると、イモの中にある水分が蒸発します。麦芽糖の濃度が増して、甘みが増したように感じます。

自分の家で焼きいもを作るなら、電子レンジよりもオーブントースターの方が向いています。

実は、アミラーゼはサツマイモを保管している間にも働いて、でんぷんを少しずつ麦芽糖に変えます。水分も蒸発して少しずつ減っていくから、より甘くなります。ただ、生のサツマイモは冷やしすぎると傷みやすいので、セ氏10度くらいの涼しい場所にかげ干しするのがいいそうです。

収穫から2カ月くらいたった1〜3月がサツマイモが最もおいしい時期にあたります。冬に石焼きいもを食べるのは理にかなっているんですね。

博士からひとこと

消化酵素、洗剤にも活用

食物の養分はでんぷん、たんぱく質、脂肪の3つに分けられる。食物が体内で吸収されやすい養分に変わることが消化だ。口のだ液や胃の胃液、小腸で出る腸液など食物を消化する液を消化液と呼び、実際に消化しているのが消化酵素だ。アミラーゼのほかに、たんぱく質を分解するペプシンやトリプシン、脂肪を脂肪酸とグリセリンに分解するリパーゼなどがあるよ。

リパーゼの働きは別のところでも役立っている。それは洗剤の中に入っている酵素だ。油よごれは脂肪なので、脂肪を分解するリパーゼの仲間の酵素を使うと、よごれが落ちやすくなるんだ。

話を聞いた人 順天堂大学の奈良信雄客員教授
明治大学の浅賀宏昭教授

冷凍食品、凍らせてもなぜおいしいの？

秋の遠足でお弁当を持っていったよ。お母さんは働いているから、冷凍食品を使っているんだって。家で作った食材やおさしみをこおらせると、おいしくないんだよね。冷凍食品はなぜおいしいのかな。

急速に冷やすと氷が細胞をこわさないんだ

今の冷凍食品は電子レンジでもサクサクとしたコロッケやトンカツなどができるし、味もよくなりました。お弁当作りの強い味方ですね。

冷凍食品がおいしいのは凍らせる技術に秘密があるからなんです。食品を凍らせるとおいしくなくなるのは、中の水分が氷になるときに大きな結晶ができて、食材の細胞を壊してしまうからです。

例えば、マグロのさしみを家の冷凍室に入れてこおらせた後に解凍すると、赤い汁がいっぱい出ています。これはマグロの細胞が壊れて中の肉汁が出てしまったからなんです。うまみが逃げておいしくなくなってしまいます。とうふを凍らせると、中がすかすかになってまずくなります。

水はセ氏0度で凍り始めるのは知っていますよね。食品の中の温度がマイナス1度からマイナス5度の間は氷が大きな結晶になりやすいで

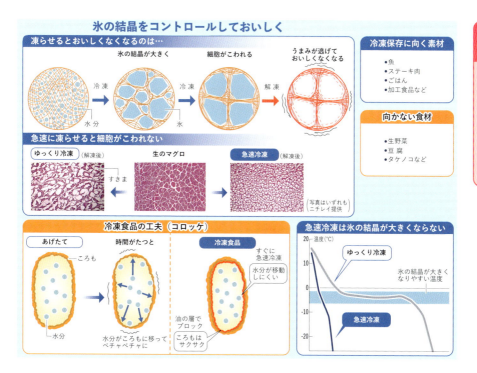

　す。食材の中の水分は氷に吸いよせられて集まるから、大きい結晶になりやすいのです。氷の結晶がふくらんでいって、細胞が壊されます。

　家にある冷蔵庫の冷凍庫は中の温度がマイナス18度くらいです。このくらいの温度だと、食材の中は少しずつ凍りますから、氷の結晶が大きくなりやすいのです。だから冷凍食品の工場では、マイナス30度以下の風を強く吹きつけて急速に凍らせます。30分以内に食品中の水分のほとんどを凍らせて、氷の結晶が大きくならないように工夫しているのです。

　例えば、マグロをとる遠洋漁業の船にある冷凍庫は、中の温度がマイナス60度になっています。ここまで温度が低いと、肉の成分が悪くなりにくいので、鮮度を落とさずに長期間保管できるそうです。

　コロッケやからあげのように高い温度で調理している加工食品は細胞が壊れています。魚や野菜といった

生鮮食品のような氷の結晶が悪さをする問題は起こりません。でも、冷凍食品の工場では急速冷凍しています。なぜなのでしょう。

　これもおいしくする工夫なのです。家で作ったコロッケを凍らせて電子レンジで温めると、ころもがベチャベチャになってしまいます。これは中のタネにある水分がころもに移動したからなのです。

　コロッケの場合、ころもは油であげていて水分はほとんどありませんから、タネの水分が移りやすくなっています。だから冷凍食品の工場では、あげたてのコロッケを急速冷凍し、ころもにタネの水分が移るのを防いでいるのです。

　凍結方法のほかにも工夫している部分があります。タネところもの間には、油の層をはさんでいます。この油がタネからころもに水分が移動するのをブロックしているのです。

　最近はカイワレダイコンなどにふくまれる不凍たんぱく質という物質を使った冷凍食品も出てきました。卵焼きにこのたんぱく質を混ぜると、氷の結晶が大きくなりません。冷凍の卵焼きをゆっくり解凍すると、味や食感は凍らせる前と同じだそうです。冷凍食品がおいしくなったのは、さまざまな工夫があるからなのです。

 博士からひとこと

フリーズドライにも応用

　インスタントのみそ汁やコーヒー、カップめんなどの製造にも、冷凍技術が使われている。食品を急速冷凍した後に気圧を下げ、凍らせた食品をゆっくり温めると、氷が気体になって出ていく。加熱して水分を蒸発させるやり方よりも風味や栄養分が残りやすいそうだ。凍らせてから乾燥させるから、フリーズドライ（凍結乾燥）食品と呼ぶようになった。

　ふつう水は氷から水、水から水蒸気へ変化する。フリーズドライでは、氷から一気に水蒸気になる「昇華」という現象を利用している。製氷室の氷が時間がたつと小さくなるのも昇華が起きているからなんだ。

話を聞いた人　ニチレイの石井寛崇研究員

Part 7
テクノロジーのギモン

カメラはどうして写真が撮れるの？

この前、山にハイキングに行った時に友達がインスタントカメラで写真を撮ってくれたよ。見せてって言ったら「現像しないと見られない」って言うんだ。スマートフォン（スマホ）の写真はすぐ見られるのに何が違うのかな。

撮った画像を浮かび上がらせる作業がいるんだ

　カメラには大きく2つの種類があります。フィルムカメラとデジタルカメラです。インスタントカメラはフィルムカメラ、スマホのカメラはデジタルカメラです。この2つは撮影したものを記録する方法が違います。

　これらに共通して、カメラは光を集めるレンズ、光を記録する材料やセンサー、撮影するときだけ光を通す役割のシャッターなどからできています。

　写真に写したい人やものは、太陽や照明の光をあびて、その光をいろんな方向に反射しています。それをレンズで集めて、光に反応する材料やセンサーの位置に送りこむのです。カメラに使うレンズは1枚だけではありません。ひずみやにじみをなくすためにさまざまな種類を使っています。

　集めた光を記録するとき、フィルムカメラでは、光に反応する物質を

ぬった薄膜の感光材料を使います。光があたると銀に変化して記録できます。赤、青、緑のそれぞれの光に反応する薄膜を重ねたものをフィルムといいます。この3色を組み合わせると、すべての色を表せます。

フィルムカメラの場合、すぐには撮った画像を見ることはできません。フィルムを光に反応しないようにして、撮った画像を浮かび上がらせる「現像」という操作が必要です。こうしてできたフィルムを「ネガ」といいます。撮った景色の明暗や色が反転しています。印刷する時は、ネガに光を通して印画紙に焼き付けます。すると、明るさや色が反転して撮った通りに戻るのです。

一方、デジタルカメラでは、光を記録するのにセンサーを使います。センサーには赤、青、緑のそれぞれの色を測るものがあります。これをセットにして使うと、一通りの色をとらえることができます。センサーは無数に並んでいて、数が多いほどきめ細かい写真が撮れます。センサーの数を画素数といいますが、一般的なデジタルカメラでは1000万画素以上もあります。

デジタルカメラでは、フィルムの現像にあたる作業はいりません。プリンターなどに撮影したデータを送れば、簡単に写真に印刷できます。この手軽さから、デジタルカメラが主流になってきています。

シャッターは感光材料やセンサーに光があたる時間を調節するのに使います。シャッターのスピードが速いと、一瞬の動きをぶれなくとらえられます。例えばカーレースなどのすばやい車の動きをきれいに撮影できます。逆にシャッターを長い時間開きっぱなしにすると、例えば星が動く様子を曲線をえがくような姿で撮ることもできます。

レンズからカメラ内に入る光の量を調整する部分を「しぼり」といいます。しぼりとシャッターを合わせて使うと、写真の明るさを調節できます。しぼりは「ピント」に関係しています。ピントが合うと、ぼやけずにくっきりと姿をとらえられます。

しぼりを大きくして、カメラに入る光を太くすると、ピントが合う範囲はせまくなります。逆にしぼりが小さいと、ピントが合う範囲が広くなります。ピントが合う範囲がせま

カメラの仕組みはこうなっている

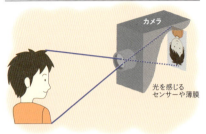

デジタルの場合

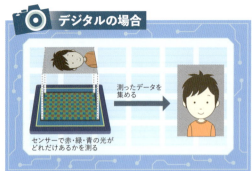

フィルムの場合

しぼりの働き

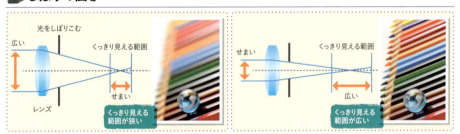

（写真はすべてキヤノン提供）

いと、写真の中の一部だけがくっきりとうつり、ほかはぼやけて見えるのです。これをうまくつかうと、きれいな写真やおもしろい写真が撮れるようになります。携帯電話のカメラのレンズは小さいので、入ってくる光が細く、ピントが合う範囲が広いのが一般的です。

最近のスマホの中には、撮影したいものにだけピントを合わせて撮れるものがあります。これは、撮影したデータを処理して、まるで大きなレンズを使って撮影したかのように、画像に手を加えているのです。

デジタルカメラで撮影した画像は、コンピューターのプログラムで修正することができます。スマホのアプリの中には、目を大きくしたり、人と顔を入れ替えたりできるものもあります。これは画像認識機能などで、写真から顔のパーツを区別することで実現しています。これまでにないほど、写真を手軽に楽しめるようになってきたのです。

Part 7 テクノロジーのギモン

博士からひとこと

カメラの起源は紀元前から

カメラの起源は「ピンホールカメラ」と呼ばれるものにある。箱の1つの壁に小さな穴を開けると、穴のある壁と向かい合う壁面においたすりガラスに、外の景色が映し出される。紀元前からあった古い技術なんだ。16世紀には、表面が凸状のレンズを使い、より明るくうつせる装置もできていたよ。

映像の記録のため、19世紀に生まれたのが感光材料だ。最初は材料にアスファルトを使っていたんだ。光の感度が低くて撮影に8時間ほどかかった上、大きくてあつかいにくかった。改良が進み、1889年には今のフィルムカメラにつながる、やわらかくてまき取って使えるフィルムが発売されたよ。1935年にはカラーフィルムも登場したんだ。

1980年代、画像を電気信号に置きかえられる技術が開発され、デジタルカメラにつながった。1990年代から一般向けの製品が発売され、手軽さなどがうけて普及し、市場規模はフィルムカメラの3倍ほどにふくらんだんだ。

話を聞いた会社 キヤノン

どうして線路には石を敷くの?

新幹線と列車を乗り継いで、おじいちゃんとおばあちゃんの家に行ったよ。きれいな景色をながめながら乗る列車は楽しいよね。いつも不思議に思うんだけれど、どうして線路には石が敷いてあるのだろう?

乗り心地をよくするためなんだよ

線路は地面の上に直接レールを敷いているわけではありません。標準的なもので、石を20～30センチメートルほど積み上げてまくらぎを固定し、その上にレールを敷いています。19世紀のイギリスで考え出された仕組みで、今もこの構造は変わりません。敷き詰められた石には、列車の重さを分散させてまくらぎやレールが沈まないように固定する役目があるのです。

列車は1両につき20～40トンくらいの重さがあります。もし、土の上にまくらぎを並べてレールを敷いたら、列車の重みで地面にめり込んでいってしまいます。まくらぎの部分が沈んでレールがゆがむと、乗り心地が悪くなり、ひどくなると脱線しかねません。

まくらぎの下にある石同士ががっちりとかみ合い、列車の重さを真下だけでなく、いろいろな方向に分散

して伝える仕組みです。だから、まくらぎやレールが沈むことはほとんどありません。石はクッションの役目もあり、列車が通過する際の振動を抑えて乗り心地をよくしています。

石の形にも秘密があります。適度に厚みがあり、角がとがっている石がよいとされています。まくらぎをしっかり固定して線路がずれないようにするためです。丸っこい石だとうまくかみ合わずに滑って、まくらぎが沈んでしまうのです。平たい石や細長い石だと列車の重みに耐えられずに割れてしまいます。

列車が通過するときに、レールやまくらぎは前後や左右、上下から強い力を受けます。まくらぎは角張った石に埋もれるように設置されます。下からだけでなく前後左右からも支えられているので、重い列車が高速で進んでもなかなかずれないのです。

およそ2～6センチメートルの石が適当に入りまじり、大粒の石のすき間を小粒の石が埋めてくれるのが好ましいです。同じくらいの大きさの石ばかりだと、まくらぎが沈んでしまいます。大きい石が多すぎると、すき間が増えてまくらぎが沈みやすくなってしまいます。逆に、小さい石が多すぎると、列車が通過する際の衝撃で飛ばされてしまいます。

石を地面に厚く敷くことで、雑草も生えにくくなっています。

日本では手に入りやすい安山岩がよく使われます。マグマが地表近くで固まってできた岩石で、硬くて割れにくいのが特徴です。玄武岩や花こう岩なども使われています。火山灰や砂が固まった岩石は壊れやすいから向いていません。

お墓の石などと違って、線路用の石で有名な産地があるわけではありません。石は重いから、運ぶのにも費用がかかります。ほとんどの鉄道会社は近くの採石場から買っているそうです。線路1メートルにつき1.5～3トンほどの石が必要になります。線路になるべく近い場所で、できるだけ安く調達することが条件なのです。

造り方は簡単で、爆破などで取り出した岩石を機械で適当にくだき、ふるいにかけます。大きさによって鉄道、住宅の庭、駐車場、コンクリートに混ぜるなど使い道に応じて分けていきます。

石と石の間にあるすき間にも意味があります。雨が降っても水はけがよいから、たまりにくいのです。

Part 7 テクノロジーのギモン

線路の石には**振動**や**騒音**を減らす役目がある

線路の構造
- 敷きつめられた石
- レール
- まくらぎ
- 土

レールが沈まない
列車の重みが分散される
土の上だと列車の重みがまくらぎ真下にかかる

まくらぎを固定
石がまくらぎを取り囲んでズレにくい
東京都内の線路

すき間の効果
- 振動を抑える
- 騒音を減らす
- 水がたまらない

保守作業には特殊車両が活躍

「マルチプルタイタンパー」（写真左）は鉄でできた巨大なツメ（同右）を備える。
作業員の操作（同中）により石を集めて固め、ズレを直す＝いずれも日本機械保線提供

まくらぎはコンクリートでできたものが増えているけれど木製もまだ多いです。水たまりができていると、木が傷んだり、鉄でできたレールがさびたりして早く交換しなければならなくなります。

　走行するときに出る音も石のすき間に入って吸収されるため、騒音を減らせます。外を走る列車が地下鉄より静かなのは、線路に敷いた石の効果が大きいのです。

　新幹線や都市部の路線などは、コンクリートでできた高架橋の上を走っています。コンクリートの床にコンクリート製のまくらぎを置き、その上にレールを取り付けています。まくらぎと床の間には振動を抑えるためのゴムが貼りつけてあります。

　コンクリートでできた床だと、列車が出す騒音をそのまま反射してしまいます。そこで、住宅地や都市部を走る場合、騒音対策のために線路の周りに石を敷いています。すき間が狭い方が騒音を減らす効果が大きいので、高架橋では通常よりもやや小さめの石が使われています。

Part 7 テクノロジーのギモン

博士からひとこと

特殊車両が保守作業で活躍

　線路の石は20〜30年ほど使い続ける。時間がたつと、角が少しずつ削れたり、強い風で運ばれた土砂がまじったりする。石同士のかみ合わせが悪くなって滑るようになり、レールが少しずつ沈んでしまう。だから、一部を入れ替えるなどの作業が必要になるんだ。

　線路の点検・保守の作業では、様々な特殊車両が活躍している。敷いた石の作業で使うのは「マルチプルタイタンパー」だよ。線路を少しずつ進みながら、鉄でできた巨大なツメで石を集めて固め、レールのゆがみを直す。

　日中は列車の運行が優先されるため、終電から始発までの数時間で作業するのが一般的だ。人による作業と比べ効率がよいけれど、一晩で進むのは最長で1キロメートルほどだ。

　都市部の交通量が多い路線では毎晩のようにどこかで作業している。そこで、まくらぎの下の石の層にセメントを流し込んでがっちりと固める工事に取り組んでいる。レールが沈むのを防げ、保守作業を減らせるそうだよ。

話を聞いた機関・会社　鉄道総合技術研究所、日本機械保線

自動運転車はどうやって走るの？

家族で日曜に車でお出かけしたら、高速道路で渋滞にまきこまれて大変だったよ。自動で走る車があれば、運転するお父さんも楽になるのにな。でも人が運転しないと危なくないのかな。自動運転の車はどうやって走るのだろう。

センサーやカメラで確認しているよ

信号や歩行者、ほかの車、標識、車線など、運転中に注意しなければいけないものはたくさんあります。人が周りの様子を確認するのを、自動運転車はセンサーやカメラで代わりにこなしてくれます。人のドライバーで例えると「目」の働きをしているといえます。何台ものセンサーやカメラが、天気の悪いとき、暗いときなどでも安全に走れるよう目配りします。

なかでも大事な役割をするのがセンサーです。電波を飛ばして障害物や前の車との距離を測る「ミリ波レーダー」というものがあります。そしてレーザーの光を飛ばして車の周りにあるモノの形を立体的にとらえる「ライダー」も大事です。これらのセンサーをカメラと組み合わせて使うことで、周りを確認しながら自動で運転できるのです。

人は周りの状況を目で確認した後

に「次はこの道を右折しよう」と脳で決めたり、この後に何が起こるかを予測したりします。これに対し、自動運転では人工知能（AI）などのプログラムをのせたコンピューターが脳の働きをします。カメラでとった画像に映ったモノが何かを理解したり、スピードの出し具合やハンドル操作を管理したりします。最近になって自動運転が身近に感じられるのも、AIやコンピューターなどの技術が進歩したことが大きいです。

　人は脳で「こう動こう」と決めてから腕や足を動かします。人は神経を通り体に命令が届きますが、自動運転車は電気で動かします。コンピューターが決めたことを早く正確にハンドルやブレーキなどに伝えるためには、電気制御の方が都合がいいのです。電気自動車は走行中に二酸化炭素（CO_2）を出さないから、環境にもやさしいのです。

　自動車の規格を決めるアメリカの業界団体によると、運転の自動化は1から5までレベルが分けられています。レベル1は車の加速と減速、ハンドル操作のどちらかを自動化したものです。何かにぶつかりそうになったときの自動ブレーキや、前方の車との距離を一定に保って走る機能などを備えています。

　レベル2は加減速とハンドル操作を組み合わせて自動化したものです。車線を維持して前の車について走ります。レベル1〜2はすでに実用化されていますが、自動運転とは呼ばず「運転支援」と呼んでいます。

　レベル3以上が自動運転にあたります。レベル3は緊急時以外は運転をシステムにまかせられます。レベル4は高速道路や渋滞など、ある条件を満たすときに運転をすべてシステムにまかせます。レベル5が人は何もせず常にシステムが運転する完全な自動運転です。

　自家用車よりも、バスなどの移動サービスで使う車の方が先に自動運転のレベルが上がりそうです。例えばゴルフ場では道に沿ってゴルフカートが自動で動くので、レベル4の自動運転に相当するといえます。これができるのは道に障害物がなくてルートも決められているからです。

　現在は、条件をせばめて、公道で

もレベル4に近い自動運転が一部の地域で行われています。人も車も少ない地域で、決まったルートを走るバスなどはレベルの高い自動運転が実現しやすいです。レベル4の自動運転移動サービスを広げる目標が国により掲げられています。

2020年に法律が改正され、2021年にはレベル3に近い自動運転ができる自家用車も販売されました。高速道路や渋滞時などに限れば、近い将来レベル4に到達するものも登場するかもしれません。レベル5の完全な自動運転はとても難しいので、実現にはまだ時間がかかるといわれています。

車の自動運転が実現すれば、目的地を最初に入力するだけで連れて行ってくれるようになるかもしれません。移動が楽になるだけではなく、自分の運転ミスや、これまでは避けられなかった==交通事故も減る==かもしれません。高齢者も乗りやすくなります。すべての人が安全で自由に移動できるようになる日が来るのは、そんなに遠くないかもしれません。

博士からひとこと

新しいルール作り必要に

自動運転の実用化のためには、事故や交通などについて、新しいルール作りが必要になる。これまでのルールは自動運転を想定して作られたわけではないので、対処しきれないことがあるからだ。そのため、世界中で議論が活発になっているよ。

例えば、自動運転中に事故が起きたときは誰の責任になるんだろう。これまでのように運転手のせいなのか、それとも車を作った会社に責任があるのだろうか。保険や罰則などを決めるために大事だけど、今のルールのままだと曖昧になってしまうね。

交通のルールの整備も必須だ。そこで2019年には、交通ルールに関する法律を変えることが決まり、2020年春には「レベル3」、2023年4月には公道で「レベル4」の自動運転（特定自動運行）ができるように改正されたんだ。

ただ「レベル5」以上を実現するとなると、さらなる法律の整備が必要とみられているよ。

話を聞いた会社 トヨタ自動車

ポケGOやカーナビはなぜ位置が分かるの？

友達の家に行った帰りに、迷子になりそうになっちゃった。どこにいるのかがすぐ分かるといいのにね。車のカーナビゲーションシステム（カーナビ）やスマートフォン（スマホ）は位置を教えてくれるけど、どうなっているのかな。

4つの衛星からの電波を目印にするよ

　自分の今いる場所を知ることは、大昔からとても大事でした。砂漠を歩いたり海を船で渡ったりする場面を思い浮かべてみましょう。昔は星や太陽が見える方角から今の居場所を知り、進む方向を決めていました。もう少し時代が進むと磁石の働きで北の方角が分かる方位磁針ができ、より手軽に分かるようになりました。

　今は、車ならカーナビがあります。地図を映したモニター画面で、「ここですよ」と教えてくれます。スマホでは、画面の地図に現在地を示します。スマホ向けゲーム「ポケモンGO」では、観光スポットでキャラクターが出てきます。スマホの位置が分かっているからです。「GPS」という技術ができたおかげです。

　GPSは日本語では「全地球測位システム」といいます。遠くの星や太陽をながめる代わりに、宇宙にある

人工衛星から地球に届く電波を目印に、地球上の居場所が分かります。地球からずいぶん離れた衛星でカーナビやスマホが世界のどこにあるのかが分かるなんてすごいですね。

4基の衛星が協力しています。スマホならば、まず内部の受信機が衛星から電波を受け取ります。電波は衛星が送った時刻からわずかに遅れてスマホに届きます。電波は1秒間に約30万キロメートルの速さで進みます。電波に書き込んである送信時間との差から衛星とスマホの距離が分かります。

その距離だけ衛星から離れた位置にスマホがあります。衛星を中心にその距離を半径とする円を書いてみましょう。円のどこかにスマホがありますが、どこなのかは分かりません。電波はあちこちに飛ぶので、実際は衛星を中心とした球の表面のどこかにあるのです。

そこで2基目の衛星を使います。この衛星の電波からもスマホまでの距離が分かります。さらに3基目の電波も使い、場所を絞り込みます。3基それぞれから、電波で測った距離だけ離れた地点を調べると、地球の上にあるスマホの場所にたどり着きます。

3基の衛星はとても遠くにあります。それぞれが持っている正確な時計とスマホの時計には時刻にずれができてしまいます。4基目の衛星をたよりに、ずれを直します。

地球のどこにいても使えるようにしたのがアメリカのGPSです。戦争でミサイルを狙った場所に飛ばすのに役立ちます。どこからでも衛星が利用できるように、地球の周りに30基ほど打ち上げています。

アメリカ以外の国々も同じような衛星を打ち上げています。「GPS」といっても、アメリカの持ち物とは限りません。位置を測る衛星システムを、みんなが「GPS」と呼ぶようになりました。ロシアは「グロナス（GLONASS）」、中国は「北斗」、ヨーロッパは「ガリレオ（Galileo）」です。

日本にも「みちびき」という衛星があります。日本からオーストラリアまでの上空を飛んでいるように見えます。今は4基体制になったのですが、日本で正確な位置を知るには、米国などのGPSの電波も参考にしないといけません。

衛星を目印に自分の位置が分かる

衛星からの距離を測り、自分の位置を調べる

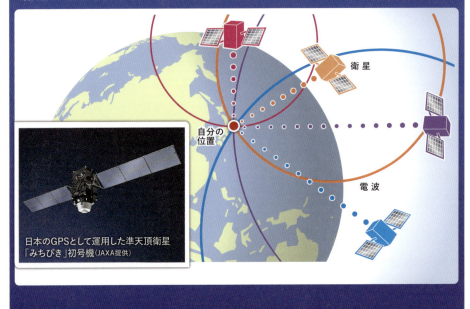

日本のGPSとして運用した準天頂衛星「みちびき」初号機（JAXA提供）

位置を測る衛星はいろいろある

	米国	GPS
	日本	みちびき(QZSS)
	ロシア	グロナス(GLONASS)
	欧州	ガリレオ(Galileo)
	中国	北斗(BeiDou)
	インド	NavIC

カーナビやゲームに使う

GPSはスマホゲーム「ポケモンGO」にも使う

©2024 Niantic, Inc. ©2024 Pokémon.
©1995–2024 Nintendo / Creatures Inc. / GAME FREAK inc.

でも、みちびきは日本の真上を飛んでくれるから便利です。山奥やビルの陰になる場所では、GPSの電波が飛んできてもさえぎられてしまうときがあります。そんなとき、みちびきは、頭の上から電波を送ってくれますので、山の間やビルの谷間にいても受け取りやすいのです。

日本も衛星の数を増やしていけば、アメリカのGPSを使わずに日本生まれの衛星だけで居場所が分かるようになります。

GPSが正確になるほど、生活は便利になっていきそうです。人を乗せて自動で走る「自動運転車」だったら、位置が詳しく分かると車線の変更やカーブがうまくできます。

田んぼを耕す農機も、無人で動かす研究が進んでいます。イネを踏まないように進み、収穫したり肥料をあげたりできそうです。ほかに、小型無人機（ドローン）を案内し、離れた島々に住む人に荷物を運ぶ研究もあります。

博士からひとこと

進む日本版GPS、誤差数センチに

政府は、日本版GPSとも呼ぶ準天頂衛星「みちびき」の拡充を進めている。みちびきは、日本からオーストラリアまでの上空を8の字を描きながら飛んでいるようにみえる。1基しかなかった頃、日本国内でみちびきの電波が受け取れるのは1日約8時間だけ。ほぼ米国のGPSの電波で位置を測っている状態だった。

政府は2018年までに新たに2～4号機の3基を打ち上げ、みちびきを4基体制にしている。2021年には寿命を迎えた初号機を更新するため、初号機後継機が打ち上げられた。

みちびきは4基体制になると、少なくとも1基はいつも日本の上空にいるようになる。日本各地で電波を受信しやすくなり、位置を精度良く測れるようになる。位置の誤差が数センチメートルにおさまるのが特長の1つだ。一人ひとりの居場所が正確に分かる精度だ。

2026年度ごろには7基体制に増やす計画もある。アメリカのGPSが使えなくなっても、みちびきだけで位置が分かるようになる。

話を聞いた機関　内閣府
　　　　　　　　　宇宙航空研究開発機構（JAXA）

顔認証はなぜ本人と分かるの？

コンサートのチケットを買ったら、顔写真を登録するようにいわれたよ。当日にカメラで本人かどうかを確認するために使うと話していた。「顔認証」という技術らしいけど、なんで本人の顔がすぐに分かるのかな。

目・鼻・口の特徴からシステムで見分けるんだ

顔認証は、人が目で調べるのではなく、コンピューターで人の顔を見分ける技術です。NECのシステムを使えば、1分間に100人の人の顔を識別できるらしいです。コンピューターの人工知能（AI）を使って、顔の骨格などから本人と似ているかどうかを調べます。

顔認証は3つの手順があります。まず画像から顔を見つける「顔検出」です。カメラで撮った画像のどこに顔があるか探します。体が写っていても、頭の位置のほか、目や鼻、口があるといった顔らしさなどから判断します。

顔を見つけたら、次は「特徴点検出」をします。目の瞳の中心や鼻のふくれているところ、口の端などの位置を検出します。顔が傾いていたら、顔の位置を調整します。

最後はシステムに登録されてい

る顔と同じかどうか判断する「顔照合」です。目や鼻、口の特徴などを登録された顔と比べ、同じ顔があるか判断したり、似ている順に顔を並べたりできます。

マスクやサングラスで顔の一部が隠れていても同じ人なら見抜けます。顔のいろいろな特徴を見て、本人かどうかを突き止めます。口が見えないなら鼻や目を中心に、目が隠れているなら鼻や口を中心に顔の凹凸や骨格も参考にします。

年をとっても、本人だと分かります。年を取るとシワが増えたり、髪の毛が薄くなったりしますが、瞳の位置や顔の骨格は他人とは同じになりません。年齢による顔の変化も考えるのです。

ただ、子どもは成長とともに顔立ちが変わるから難しいそうです。体だけじゃなく、顔の形の元になってる頭蓋骨も大きくなります。数年前の写真と今の写真を比較したときに、同一人物と判断できない可能性もあります。

そっくりの顔の人がいたらどうなるのでしょう。みんなの周りに双子のお友達がいたことはありませんか。双子の中でも一卵性って呼ばれる双子は同じ遺伝子を持っているから顔もそっくりです。

でも、顔は遺伝子だけじゃなくって生活習慣で少しずつ変わってきます。話し方や食べ方のくせとかで、双子であっても顔周りの骨格や筋肉の付き方も違ってきます。

顔が斜めや横向きでも、同じ人だって分かります。日が差していたり建物の影になったりして顔の色が違っていても大丈夫です。AIを使って、どこが顔なのかを分析します。登録は、正面を向いた本人の顔写真が1枚あれば問題ありません。その1枚からどんな顔の形をしているか予測できます。

顔認証のシステムに必要なのはカメラだけです。今はパソコンやスマートフォン（スマホ）にもカメラがついていますから、顔の画像を撮りやすいです。カメラを見るだけで本人の確認ができるので楽です。

顔認証はいろいろなところで使われています。米国などの空港では、旅行に来た人たちの顔を撮るカメラがあります。パスポートに

顔認証システムはカメラに写った人を登録した顔画像と比べ、本人かどうかががすぐに分かる(NEC提供)

登録した顔写真とその場で撮った顔を比較して本人かどうかを調べています。

日本でも一部の空港で日本人の顔認証が始まっています。近年、日本に来る外国人はどんどん多くなっています。

日本人の審査にかかる時間を減らし、外国人の審査に力を入れたら空港での待ち時間を短くすることができます。

空港だけではありません。テーマパークのユニバーサル・スタジオ・ジャパン（USJ、大阪市）では年間パスを持っている人の確認に顔認証を使っています。カメラに顔を向けると約1秒で認証できます。歌手やアイドルのコンサートにも利用が広がっています。チケット転売の防止にも役立ちます。

博士からひとこと

不正防止へ指紋など生体認証広がる

犯罪の増加や社会の情報化に伴い、本人確認の手続きが大切になった。パスワードや磁気カードなどを使う方法もあるけど、もの忘れやカード偽造の心配が残る。そこで顔や指紋、手のひらの血管など体の一部を使って識別する生体認証が注目されているんだ。

生体認証はパスワードなどを忘れないで済む利点がある。指紋や血管は特別な装置で照合するけど、顔認証はカメラで顔を撮るだけでわずらわしさがない。最近は人工知能（AI）が賢くなっており、顔画像の解析がしやすくなって利用が進んでいるよ。

一方、顔認証は個人のプライバシーに関わる顔の画像を扱う。登録した顔画像の管理に不安を抱いたり、顔を撮影されたくないと感じる人もいる。他人の顔写真を使って、本人になりすます問題も指摘されているよ。活用を広げるには、認証精度をいっそう高める研究開発のほか、プライバシーの面から社会全体の理解が必要になるね。

話を聞いた会社　NEC

指紋でどうやって人を特定できるの？

お父さんのスマートフォンをさわろうとしたら、ロックがかかっていて何も見られなかったんだ。指の「指紋」で本人かどうか分かるというけれど、どうやって見分けているのかな。

センサーで指先の線のでこぼこを探るよ

指の表面をよく見ると細い線が無数に並んだ模様があります。これを指紋といいます。この線は小さなでこぼこになっています。明るく見えるところはもり上がっている部分、暗く見えるところは落ち込んでいる部分です。それぞれの高さの違いは約0.05ミリメートルととても小さいです。

指紋の形は人によって違い、同じ人でも指ごとに違います。年をとっても変わることはありません。ですから人を見分ける方法として使うことができるのです。

指紋をもとに人を見分ける方法を「指紋認証」といいます。スマホを持ち主以外が触れないようにロックをかけるときだけでなく、空港の入国審査やキャッシュカードの認証など様々なところで使われています。

指紋認証には便利な面があります。スマホなどのように、自分だけが使えるようにする場合には一般

に、数字や文字を組み合わせたパスワードを覚えておく必要があります。体の一部で本人と確認できれば、パスワードを忘れる心配がなくなり、入力の手間も省けます。

指紋は昔から人を特定する方法として使われてきました。「母印」といって、はんこのように指に朱肉などを付けて紙に押して、本人が書いたものと示していました。警察が事件の現場に残った指紋を見つけて、捜査の手がかりにすることもあります。

機械を使い指紋認証をしようと、さまざまな技術が作られています。一般には指先に光を当てて線ごとの明るさの違いを見たり、センサーを使って凸凹の位置を見分けたりしています。

速く正確に見分けるための工夫の一例をみてみましょう。目をこらして指紋の線をよく見ると、線によっては途中で途切れたり、他の線とくっついたりしています。この途切れた点やくっついた点の位置は、人によって違います。この位置関係を調べれば指紋が同じか異なるかが分かります。全ての線を比べるよりも速くすぐれた方法なのです。

ただ、点の位置関係だけで判断しようとすると、別の人でもまれに一致する可能性があります。そこで、点と点の間を通る線の本数を調べることなどによって正確さを高めています。別人ならば、点どうしの間にある線の数まで一致する可能性は低いことを利用しています。

指紋認証がうまくいかない場合もあります。例えば、水にふれた手でスマホを使おうとして、指紋認証がうまくいかないことがあります。これは、静電気を使って指紋を読み取る仕組みを使っていて、水の影響でうまく読み取れなくなるからです。逆に乾燥しているときも難しくなります。また、洗い物の後にも読めなくなることがあります。これは洗剤が指の表面の凸凹をつるつるにしてしまうためです。

指紋のほかにも体の一部を使って人を見分ける方法はあります。こうした技術を「生体認証」といいます。

たとえば、目の模様を使う方法があります。目の真ん中の黒い部分と外側の白い部分の間にある「虹彩」という部分を調べます。虹彩は位置ごとに明るさが違い、人によって違

科学捜査で採取した指紋を照合する様子

GPD Forensics

う模様になっています。これを特殊なカメラを使って見分けます。この方法は正確性が高く、空港で旅行者の身元を確認するときなどに使われています。

顔全体を調べる方法も利用が広がっています。顔をカメラで撮影し、目や鼻、口などの形や位置関係などを分析して見分けます。こうしたものは、太ったりやせたりしても変わらないため扱いやすいのです。化粧をしても見分けることができます。会社の出入り口にカメラを設置し、入退出のチェックなどに使われています。

血管の一種「静脈」を使う方法もあります。静脈も位置や形、太さなどが人によって違います。特殊な光を当てると静脈だけが浮かび上がることを利用します。

こうした技術を2つ以上組み合わせて使えば、正確さがさらに高まります。指紋と静脈、顔と虹彩というように、同時に調べる利用例が広がっています。例えば指紋と静脈の両方を使う場合、他の人を誤って本人と判定する確率が1000万回に1回以下になるといわれています。

Part 7 テクノロジーのギモン

博士からひとこと

新型コロナで新技術も

新型コロナウイルスの流行から生体認証は注目を集めている。多くの人がふれる場所は感染リスクが高いといわれる。顔や虹彩を使えば、人や物にふれないですむため、感染リスクを避けられる。指紋や指の静脈を使う技術でも、触れずに読み取れる機器が開発されているよ。

感染リスクを避けるため、公共の場では多くの人がマスクを着用するようになったね。顔認証では一般に、口や鼻の位置などを調べるので、マスクを着用していると見分けるのが難しくなる。カメラの前にくるたびにマスクを外すのも不便だよね。そこで、マスクでかくれない部分だけで見分けられる技術が開発されていて、正確さが高まっているというよ。

顔認証は便利だけれど、一方でカメラさえあれば人の行動を把握することもできてしまう。プライバシーを守るため、悪用を防ぐのも重要なんだ。

緊急地震速報、なぜ揺れる前に分かるの？

この前、スマートフォンに緊急地震速報が届いたよ。大きなアラーム音にびっくりしたけど、すぐにテーブルの下に隠れたんだ。そうしたら家が大きく揺れ始めて怖かったけど無事だった。どうして揺れが来る前に分かるのかな？

最初の地震波を解析しているよ

地震のとき、最初に小刻みな縦揺れが来て、そのあとでぐらぐらと大きく横に揺れ始めるのを経験したことはありませんか。地震は地下にある硬い岩盤がずれることで起きるのですが、そのときに2種類の地震波が発生して、地中を伝わっていきます。

細かい縦揺れを起こす「P波」は秒速7キロメートルのスピードで速く進み、大きな横揺れを起こす「S波」は秒速4キロメートルの速さでゆっくり進みます。だから地震は小さな縦揺れで始まって、そのあとに大きな横揺れが来ることが多いのです。大きな地震が起きたとき、S波が到達する前にいち早く警報を出して被害を防ごう、という目的で始まったのが緊急地震速報です。

日本には、海底も含めて全国各地に約1700個の地震計が設置されています。地震が起きたら、震源の一

番近くにある地震計が、まずP波をキャッチします。すぐに気象庁のシステムが各地の地震計のデータを集めてコンピューターで解析し、震源や地震の規模（マグニチュード）を推定して、各地の震度を予想します。そして、予想される最大震度が5弱以上、あるいは大きな被害を出す長周期の地震が一定以上の規模の場合に、警報を出します。

警報が出ると、震度4以上の揺れが予想される地域に、テレビやラジオ、スマートフォンのアプリなどを通じて、地震が発生した時刻や場所、強い揺れが予想されることを伝えます。これが緊急地震速報で、地震の発生からわずか5〜10秒で私たちのところに届きます。

震源が遠い場所ほど、警報が出てからS波が到達するまでの時間が稼げます。わずか数秒から十数秒でも、机の下に隠れたり、塀のそばから離れて広い場所に移動したりすれば、身を守ることができるのです。

ただ、震源だけでなく周辺の広い範囲で地殻のずれが起きた場合には、正確な予想ができないことがあります。実際、東日本大震災のときには、ずれがずれを誘発して震源域が非常に大きくなり、最大震度6強を記録した関東地方に、うまく警報が出せませんでした。

その反省から、気象庁では、新しい方法を追加することにしました。強い揺れが起きた地域では、その近くの場所も強く揺れる可能性が高いのです。そこで、強い揺れを観測した地震計の周囲30キロメートル以内は同じく強く揺れると想定して、地盤の違いなどを考慮したうえで震度を予想しているのです。

地震計から近い場所の震度しか予想できないので、震源から各地の震度を予想する従来の方法に比べて、実際にS波が来るまでの時間は短いです。けれども、広い震源域を持つ地震については、震度をより正確に予想できます。現在は従来法と新手法を組み合わせて、より強い揺れが予想された方を警報として伝えるようにしています。

2023年9月には、震源を特定する手法も見直しました。警報が過大になってしまうことを防ぐためです。2018年には2カ所でほぼ同時に発生した地震を1つの大きな地震だと誤認して、揺れがなかった地域にも警報を出してしまいました。そこで、

通知を受け取ったら、落ち着いて避難しよう。

タカス / PIXTA

予想される複数の震源の中で一番正しそうな震源を選ぶこれまでの方法から、それらのデータを統合して、最適な地点を推定する方法に変更しました。過大な警報を出した2018年の地震データを使って予測したところ、予測の精度が上がったことが確認できました。

気象庁は、訓練用の緊急地震速報を配信する計画を立てています（2024年10月現在）。スマホアプリを使っている人には、お知らせが来るかもしれません。気象庁のホームページを見ると、緊急地震速報を聞いたときにどうすればいいかが分かります。

予想の精度はどんどん向上していますが、震源から近い場所では、緊急地震速報が間に合わないこともよくあります。突然大きな揺れに襲われてもあわてないよう、道を歩いているときや、鉄道やバスに乗っているときに速報が出たらどうするかシミュレーションしておくと、いざというときに命を守ることにつながります。日ごろから準備しておくことが大切です。

Part 7 テクノロジーのギモン

博士からひとこと

予知できないけど備えは大事

日本は地震大国だ。日本付近には大きな4つのプレートがぶつかり合っていて、度々地震を引き起こす要因となっている。1年間の平均で見ると、世界で起きている地震のうち約1割が日本で起きている。2011年にマグニチュード9.0を記録した東日本大震災における地震は、記録の残る限り世界で4番目に大きな地震だった。

地震がいつどこで起こるか、という予知はできない。地震雲や動物の異常な行動が前兆として話題になることがあるが、いずれも地震との関係は科学的に説明できない。

とはいえ、大地震はかならずやってくる。静岡県沖から宮崎県沖にかけての大規模な「南海トラフ地震」も、具体的な日時や大きさを予想することはできないけれど、起きる可能性は高まっているとみられている。地震につながりそうな異常が検知されたら気象庁が情報を出すんだ。国や自治体も防災計画を作って、具体的な準備を進めているよ。

話を聞いた機関 気象庁の地震火山部地震火山技術・調査課

知ってる？　はじまりあれこれ

日経サイエンス2009年12月号より

電池

現在ではいろいろなタイプの電池があるが、基本の仕組みは発明当時からあまり変わっていない。電気は、電子という小さな粒が移動することで生まれる。電池の中には、プラスとマイナスという2つの電極があり、マイナス側は電子を持っていて、それをプラス側に渡そうとする。このとき、電子が移動して電気が流れる。例えば、電池を使って電球をつけたり、おもちゃを動かしたりできる。

最初の電池を作ったのは、イタリアの科学者アレッサンドロ・ボルタだ。彼は1799年に、金属の電極と湿ったボール紙を使って電池を発明した。この電池は、シビレエイという魚が体内で電気を作る仕組みを真似したものだ。当時は、原子やイオン、電子のことはまだ知られていなかった。

ボルタが最初の電池を作ったとき、彼は電池の中で何が起こっているのかを完全には理解していなかった。専門家たちが電池の仕組みについて一致した意見を持つようになるまでには、約100年かかったんだ。

粘着テープ

1930年、食品を包むために「セロハン」という透明な薄い紙が使われていた。セロハンは食品の鮮度を保ち、中身も見えるので便利だったけれども、貼り付けるのが難しかった。そこで、3M社が「スコッチテープ」を発明し、この問題を解決した。

スコッチテープの接着剤は「感圧性接着剤」と呼ばれ、圧力をかけるとしっかりくっつくことができる。

普通の粘着テープは、接着剤とプラスチックだけでできているように見えるけれども、実際には下塗り剤と剥離剤というものも使われている。このおかげで、テープをロールから簡単に剥がすことができる。

2008年、物理学者たちは真空中でテープを剥がすとX線が出ることを発見した。このX線を使って指の骨を撮影することにも成功している。もしかしたら近い将来、安くて持ち運びができるX線撮影装置ができるかもしれない。

あなたの部屋でも暗くしてテープを剥がしたら、かすかな光をみることができるかもしれないよ。

原題名　The Start of Everything（SCIENTIFIC AMERICAN Seprember 2009）

Part 8

くらしのギモン

水と油はどうして混ざらないの？

夕食の用意で、ドレッシングを作る手伝いをしたんだ。ビンにオリーブオイルと酢を入れてよく混ぜるんだけど、すぐに分離してしまう。酢の中身は水がほとんどだと聞くけれど、どうして水と油は混ざらないのかな？

分子どうしの強いつながりがあるからなんだ

酢と油をビンに入れると、すぐに分離して2つの液体に分かれてしまいます。ビンをよくふると一時的には混ざったように見えても、すぐに元に戻ってしまいます。これは酢にたくさん含まれている水が原因です。

水や油といった物は「分子」という目に見えないほど小さな粒（粒子）が集まってできています。分子の中には、分子内の電気のバランスがかたよっているものがあります。そうした、かたよっている分子同士で引き合うことがあるのです。

水分子もその一つで、水分子同士は互いに強く引き合っています。そのつながりが強くて、油が入りこめないため水と油は混ざりません。

くわしく説明すると、水の分子が引き合うつながりを「水素結合」といいます。水分子が手をつないでいるようなイメージで、1つの水分子

は最大で4つの水分子に手をのばして引き合います。一方、油の分子は水分子とは引き合いません。

水と油を入れたビンをよくふったときには、その衝撃で一部の水素結合が切れて、油と混ざることもあります。でもそれは短い時間のことです。水の分子は切れてしまった手を別の水分子とすぐにつなごうとします。他の水分子と手をつなぐと油の分子は入り込めなくなるので、すぐに油と水は分離してしまいます。

水と油を混ぜる方法はあります。「界面活性剤」というものを使うのです。難しい言葉ですが、私たちの生活には身近な物です。「界面」というのは、例えば水と油が接するさかい目のことをいいます。そこに作用して性質を変えるものという意味です。食器や衣服を洗う洗剤、手を洗うせっけんなどに含まれています。

水と油を入れたビンに少し洗剤を入れてかき混ぜると、水と油に分かれていたのが、1つの白っぽい液体になります。これは水と油が混ざったからです。しばらく置いておくと再び分離しますが、水と油だけの場合よりも混ざった状態が長く続きます。

どうして界面活性剤を入れると混ざるのでしょう。そのカギは界面活性剤の構造にあります。この物質には、水の分子と引き合ってつながる部分と、油の分子とつながりやすい部分の両方があります。つまり、水の分子とつながる一方、油の分子ともつながります。

界面活性剤を入れると、水と油のさかい目にたくさんならび、水の中に散らばった油の粒を取り囲み、水ともつながって安定した状態になります。洗たくや皿あらいの洗剤として使う場合、衣服や皿にくっついている油に界面活性剤がつながります。水ともつながって洗い流せるようになります。

身のまわりには、界面活性剤を使って作られた製品がたくさんあります。例えばアイスクリームやチョコレート、マヨネーズなどの食品です。マヨネーズは酢と油に卵黄を加えて作ることができます。これは卵に含まれている成分が、界面活性剤として働いているのです。

このように界面活性剤で水と油を混ぜることを「乳化」といいます。液体が白く見えることが多いけど、

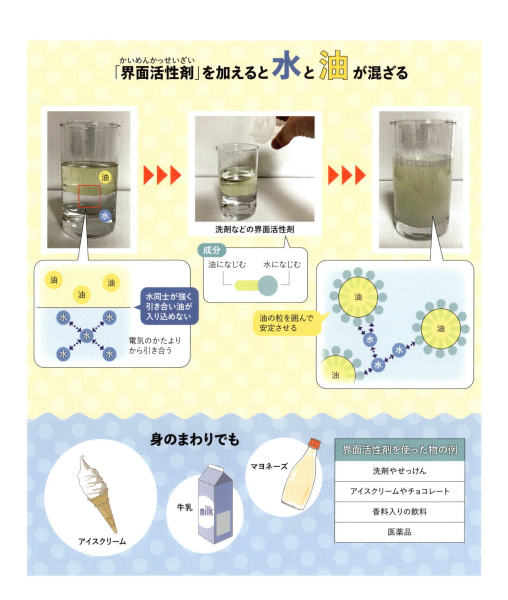

これは油の粒に光が当たったときに起きます。また、界面活性剤の種類などによっては「可溶化」ということも起きます。水に散らばる油の粒がずっと小さく、液体は透明になります。温度などが一定なら水と油が混ざった状態が続きます。飲み物に香料を混ぜたり、医薬品を作ったりするときに使われています。

油のない水だけのときに、界面活性剤がかかわるものがあります。例えばシャボン玉です。シャボン玉を形作っているのは水で、球面の内側と外側には空気があります。界面活性剤はこの水と空気のさかい目に並んで、水が空気中に安定してただよえるようにしているのです。

シャボン玉は虹色に光って見えることがあります。これは界面活性剤と水が作るうすい膜に光が当たることで起きます。お風呂でせっけんをあわ立てたときにシャボン玉ができるのも、せっけんが界面活性剤の役割をするからです。日常のいろんな場面で、上手に組み合わせて利用されています。

博士からひとこと

水と油の共存、人体の中でも

水と油が混ざった状態のものは自然界にたくさんある。身近なのが牛乳だ。牛乳を顕微鏡で拡大して観察すると、水中に散らばる脂肪の粒が見える。脂肪は油のようなものだ。牛乳に含まれる成分が、水と脂肪を混ぜる界面活性剤の役割を果たしている。

豆や野菜にも、この働きをする成分が含まれており、コーヒーや抹茶の苦みの正体でもあるんだ。

人の体でも水と油が共存している。例えば細胞の表面にある膜は「リン脂質」という分子が2層並んでできている。リン脂質には水につながりやすい部分とつながりにくい部分がある。

つながりにくい部分を膜の内部に向け、つながりやすい部分が細胞の中や外を満たす液体となじむような構造になっている。膜は細胞を囲むだけでなく、内部を区分けしており、細胞内の物質の合成や輸送に欠かせない働きをしている。

話を聞いた人 山形大学の野々村美宗教授

氷はどうして水に浮かぶの?

学校から家に帰ってコップの水に氷を入れたとき、不思議に思ったことがあるの。
氷は水が凍っただけなのに、なんで水に浮かぶのかな。

凍ると体積が増えて軽くなるからだよ

氷が水に浮かぶのは、氷が同じ体積の水よりも軽いからです。氷は水からできるのに、なぜ軽くなるのでしょうか。

みなさんはペットボトルの水を冷凍庫に入れたことはありませんか。中の水が凍って、ペットボトルの容器がふくらんでいなかったでしょうか。

水は氷になると、体積が10パーセントくらい増えます。ここで、体積が増えた分の氷を削ったと考えてみましょう。100ミリリットルの水は100グラムありますが、100ミリリットルの氷は90グラムほどの重さしかないことになります。氷の方が軽いので、氷は水に浮きます。北極の海に浮かぶ氷山もこれと同じ原理です。

試しに油は水に浮くけれど、そこに氷を入れるとどうなると思いますか。氷は油と水のさかい目のあたりに浮きます。同じ体積のときの重

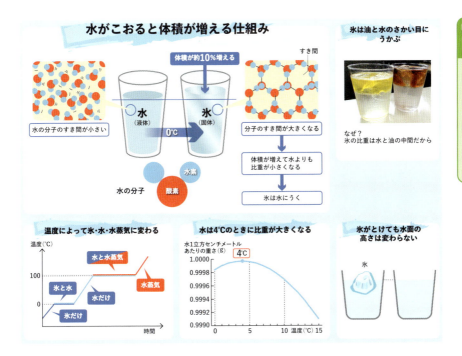

さ(比重)が軽い方から油、氷、水の順になるからです。実験してみましょう。

物質には「固体」「液体」「気体」の3つの状態があります。氷が固体で、水が液体、水蒸気が気体です。水は温度がセ氏0度になると凍り、100度では水蒸気に変わります。

地球上には、だいたい1億種類の物質がありますが、ほとんどが固体の方が液体よりも重くて下に沈みます。例えば、油を家の冷凍庫に3〜4時間入れて凍らせて実験してみましょう。凍った油を液体の油に入れると沈みます。油は固体になると、液体のときよりも体積が少し減るからです。ほとんどの物質ではこうなります。固体の方が軽いのは、電子機器の部品に使われる半導体の材料のケイ素やゲルマニウム、ガリウムくらいです。

氷になると体積が増える理由は水の分子の形にあります。あらゆる物質は分子という目には見えない小さなつぶでできています。水素と酸素でできた水の分子は「ヘ」の字のよ

うな曲がった形をしています。

水が凍り始めると、水の分子はとなりの分子と強く引き合って強く結びつきます。完全に凍ると、水の分子ががっちりと固定された状態になります。だけど、形が曲がっているので、水の分子はすき間が多く空いた形でしか固まることができません。そのため水が凍ると、ふくらんで体積が増えます。

反対に液体の水のときは、分子が動き回っています。分子が固定されていないから、すき間が小さくなるのです。

実は同じ体積の水が最も重くなるのは、温度セ氏4度のときです。水の分子の間にできるすき間が最も小さくなるからです。凍った湖や池の底には、重いセ氏4度の水がたまっています。

もし、氷が水に沈んでしまう性質だったとしたら、湖や池の水は冬になって凍ると底に沈んでしまいます。どんどん底に氷がたまって、湖や池全体が凍ってしまうかもしれません。そうなると、魚やエビ、水草といった水の生き物たちは凍ってしまい、冬を越せずに死んでしまうことになります。

こうした不思議な性質によって、地球上の生き物はいろいろな恵みを受けています。地球は水の星なので、様々な生物が存在することができるのです。

博士からひとこと

高圧をかけると沈む氷も

普通の氷ができるのは気圧が1気圧のときだ。しかし、数千から数万気圧とすごい圧力をかけて水を凍らせると、普通の氷よりも重くなる。水に入れると、浮かばずに、沈むようになる。高い圧力によって、水の分子同士の結びつきがゆがむことなどで、すき間が押しつぶされたりしてしまうからだ。

研究者がいろいろな圧力や温度の実験で試した結果、普通の氷とちがう氷が10種類以上も見つかっている。その中で一番重いものは体積あたりの重さが普通の氷の2倍以上もあるよ。

話を聞いた人 法政大学教職課程センターの左巻健男教授

炎の色はなぜ変わるの?

Part 8 くらしのギモン

お花見で食べるお弁当をつくるために、料理の勉強を始めたよ。卵焼きをつくろうと思ってガスコンロで火をつけたんだけど、炎が青くて、たき火やろうそくの炎と違うよね。炎の色はどうして変わるんだろう。

空気の量や金属が関係しているんだ

炎の色は、燃えているものが出す光の色です。ガスの場合は青い光を出しています。都市部の多くの家庭ではメタンというガスを使っています。このガスに含まれる炭素などの成分が燃えるときに、青い光を出しています。

コンロから青い炎だけが出ているとき、ガスは効率的に燃えていて、料理をつくったり温めたりするときにはこの状態を保つことが必要です。ただ、こうしてガスを正しく燃やして青い光が出るようにするために、少し工夫をしています。

コンロは一般的に、地下に張り巡らされたガス管などにつながっています。ガス管からガスを出して燃やすとき、同時に多くの空気をコンロ側に近いところで送り込み、ガスと空気がよく混ざり合うようにできているのです。空気の中には、ものが燃えるのを助ける働きのある酸素が

含まれています。この酸素によって、ガスが素早く完全に燃えます。すると、ガスが燃えるときの青色の光がそのまま出るのです。

ろうそくの場合を考えてみましょう。ろうそくは火をつけると、ろうが溶けて芯に吸い上げられ、気体になって燃えます。ろうの成分はメタンガスと似ていますので、本来は青い光が出るはずですが、コンロと違うのは、空気を送り込む仕組みがないことです。ろうはコンロより酸素が少ない状態で燃えるのです。

ろうは酸素が少ない中では完全に燃えることができず、細かい炭素の粒（スス）ができます。これが高温になって炎の周りに広がることで、黄色がかったオレンジ色の光が本来の青い光よりも強く輝くのです。青い光は、空気とよく混ざる炎の下側に少し見ることができます。

コンロの場合も、空気が足りなくなると、青い炎がオレンジ色になることがあります。これはろうそくの炎と同じ仕組みです。この場合、コンロが故障していたり、空気の通り道が何かでふさがれていたりする可能性がありますから、注意が必要です。

炎の色は、金属を燃やした時にも変化します。これを炎色反応といいます。例えばリチウムを燃やした時は赤、カリウムは紫、銅の場合は緑、といったような色になります。ガスコンロにかけた鍋の煮汁が噴きこぼれて、炎が黄色になることがありますが、あれはさっき説明したようなろうそくと同じことが起きているのではなくて、煮汁に含まれる食塩の中のナトリウムが炎色反応を起こしているのです。

一部の金属は熱して燃やすと、分解されて一つ一つばらばらの原子になります。すると原子の周りを回っている電子が熱のエネルギーを吸収して、人間でいえば興奮した状態になります。ただ、人間もそうですが、ずっと興奮してはいられません。だから電子はそのうち通常の状態に戻ろうとしますが、興奮した状態に蓄えた余分なエネルギーを外に出そうとします。

このエネルギーが光となって出たのが、炎色反応です。出すエネルギーの大きさは金属の種類によって決まっているので、特定の色の光が出るのです。

炎の色は空気の量や金属の種類で変わる

ガスコンロの火は空気が多いため青い

ガスコンロ
あらかじめガスと空気を混ぜるため完全燃焼し、ススが出ない

ろうそくなど
空気が少なく燃焼は不完全。出てきたススが高温になりオレンジ色に光る

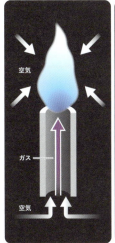

金属を燃やすと色が変わる

金属	炎の色
リチウム	赤
銅	緑
カリウム	紫
ナトリウム	黄

花火は炎色反応を応用している

花火／PIXTA

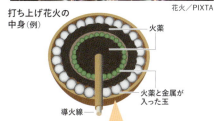

打ち上げ花火の中身（例）
火薬
火薬と金属が入った玉
導火線

緑色に光る金属（バリウムなど）の化合物
赤色に光る金属（ストロンチウムなど）の化合物
白色に光る金属（アルミニウムなど）の化合物

金属の炎色反応はとても美しい炎を作り出すことができるので、<mark>花火</mark>に応用されています。空中花火の玉や手持ち花火には火薬や金属などが入っていて、火薬に火がついた時に金属も燃えて光が出ます。花火の中には、燃えていくうちに色が変化するものがありますが、これは玉の中に種類の違う金属を複数入れているからです。

Part 8 くらしのギモン

ただ、現代のように赤や緑のカラフルな花火が見られるようになったのは、明治時代になって外国産の花火が入ってきてからのことです。江戸時代までは金属を入れず火薬だけで花火を上げていたので、色は黄色やオレンジだけでした。

新型コロナウイルスの感染が広がった時期は、多くの花火大会が中止になりましたが、現在は多くの地域で再開されています。花火を見るときは、炎色反応のことを思い出してみましょう。

 博士からひとこと

星の色は温度で変わる

実は、ろうそくの炎のいちばん先のオレンジ色は、ススが高温になった時に光を出す「熱放射」で出ているんだ。色は温度だけで決まり、高温になっている物の種類は関係がない。例えば、溶けて赤く光る鉄や電球なども同じ仕組みで光るんだ。

この熱放射は星の色にも関係している。夜空に見える星は恒星といって、太陽と同じ仲間だ。望遠鏡で観察すると、オレンジや黄色、青白い色など、それぞれ色が違う。

ろうそくの炎はセ氏1000度くらいなので、色はオレンジになるんだ。これが熱でドロドロに溶けた1500度くらいの鉄などでは、もっと白に近いオレンジになる。

この原理は星でも同じだ。表面温度が低ければ赤色に近く、高ければ白く、さらには青くなっていく。ただ、低いといってもセ氏3000度くらいはあるし、高いと10000度から50000度くらいにもなる。その星がどんな性質なのか、色からも分かるんだ。

星の色の違いもろうそくの炎が赤くなる仕組みに関係

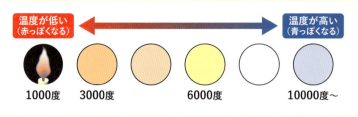

話を聞いた人 九州大学の井上智博准教授・都留文科大学の山田暢司特任教授

ドアノブを触るとバチッと静電気 なぜ起きるの?

Part 8 くらしのギモン

冬が近づいてだんだんと寒くなってくるね。金属でできたドアノブを手で触ったら、静電気でバチッときたよ。少し痛かった。蒸し蒸しした夏に少なくて、乾燥している冬によく起きるのも不思議だね。どうして手の先から電気が流れたのかな。

体にたまった電気が一気に流れるんだ

静電気でバチッとくるのは、体にたまっていた電気がドアノブに逃げるからです。金属でできたノブは電気が流れやすくなっています。ノブに手が触れたとき、電気が一気に流れて少し痛く感じます。

電気はとても強いですが、流れるのはほんの一瞬。けがはしません。電気が流れにくいものに触れても、電気は弱々しく流れるだけですから感じません。

それにしても、どうして体に電気がたまるのでしょうか。知らないうちに電気をため込んでいるからです。例えば、靴をはいてカーペットの上を歩きます。このとき、靴の裏とカーペットが何度もこすれます。くっついたり離れたりする動きを繰り返して、だんだんと体に電気がたまっていきます。この電気が一気に逃げると、静電気でバチッときます。一度に電気が流れてバチッとする

223

現象を放電といいます。
　電気が発生するのは材料の違いが影響しています。材料によってマイナスの電気の居心地の良さが違うのです。ゴムでできた靴の裏と、ナイロン繊維を編んだカーペットを考えてみましょう。
　ゴムはナイロンに比べて、マイナスの電気を引きよせる力が強いです。ゴムとナイロンは、最初はマイナスとプラスの電気を同じ量だけ持っています。この2つがくっつくと、引きよせる力が強いゴムのほうに、マイナスの電気が移動します。
　この状態のままでゴムとナイロンが離れると、マイナスの電気がどこにも移動できなくなります。ゴムにはマイナスの電気、ナイロンにはプラスの電気がたまります。ゴムの靴をはいていた体にマイナスの電気がたまります。このままドアのノブをさわると、指先からマイナスの電気がドアノブに流れます。

　体にプラスの電気がたまるときもあります。ポリプロピレンはゴムよりマイナスの電気を引きよせやすい性質があります。ポリプロピレンの繊維でできたカーペットの上を歩くと、人間にはプラスの電気がたまるようになります。そのほかにも、服同士がこすれて電気がたまることもあります。
　電気がたまる様子を身近な文房具を使って体験できます。ノートに文字を書くときに使う下敷きで髪をこすってみると、下敷きと髪に電気がたまります。プラスとマイナスの力で引きよせ合って、髪が下敷きに引っぱられます。

　それにしても、なぜ寒くて乾燥している冬の時期にバチッとくるのでしょうか。夏は、蒸し蒸ししていて、たくさん汗もかきます。体の表面には、水分がとても多くなります。水は電気を逃がしやすい性質があるので、体になかなか電気がたまりにくくなります。カーペットの表面にも水蒸気がついて電気があまりたまらないのです。
　電気がたまらないようにすれば、冬でも静電気がおきにくくなります。車を降りるときに、金属の部分に触ってバチッとくることがあります。椅子と服がこすれてたまった電気が原因のひとつです。
　金属の部分に触りながら少しずつ

人の体にたまった静電気で火事になるのを防ぐため，セルフ式のガソリンスタンドには静電気を取り除くものがある

photoAC

立ち上がると、電気を逃がしながら椅子から離れられることができます。電気の量を減らせて静電気が起きにくくなるのです。

静電気は嫌われ者ですが、普段使っている機械ではずいぶん活躍しています。授業で配るプリントを印刷するコピー機は、インクの粉を静電気で文字の形につけるのです。

まず、画像を読み取る装置で文字などの形を写し取ります。文字に沿ってマイナスの電気をためます。プラスの電気をためたインクの粉を振りかけると、マイナスの電気がある場所だけにインクの粉が残ります。文字の形にインクの粉が並び、紙をのせると文字や絵をコピーすることができます。

工場から出る煙をきれいにする装置の一部にも静電気が使われています。細かいゴミを静電気の力で引きよせ、外に出ないようにしています。フィルターと組み合わせて使うことが多くあります。静電気は身近なところに役立っています。

博士からひとこと

雷も実は大きな静電気

雷は静電気がとても強くなる自然現象だ。雲の中には、たくさんの水の粒がただよっている。この粒が風の力でこすれたり分離したりすると、雲の中にだんだんと電気がたまる。地面に近い下側はマイナス、上側はプラスになりやすい。

空気は電気をほとんど通さないが、雷のようにとても強い電気は耐えきれずに通してしまう。雲と地面や、雲と雲の間に一気に電気が流れると、激しい雷鳴と稲妻が現れる。

静電気が思わぬ事故の原因になることもある。石油を運ぶ大型船「オイルタンカー」やパイプラインで静電気が起きると、引火して爆発を引き起こす原因になる。

オイルタンカーに積んだ容器が揺れたり、管の中を石油が通り抜けたりすると、容器や管の内部と石油が何度もくっついたり離れたりして、静電気がたまってしまう。静電気がたまらないようにする工夫で、事故を防いでいるんだ。

話を聞いた人 千葉大学の山野芳昭名誉教授

どうして電子レンジで食べ物が温まるの?

Part 8 くらしのギモン

おやつの時間に、お母さんが肉まんを
電子レンジで温めてくれたよ。
すぐに温かいものが食べられて便利だね。
電子レンジはどういう仕組みで食べ物を加熱しているんだろう。

マイクロ波が水の分子を振動させ温めるんだ

　冬の寒いとき、かじかんだ手をこすり合わせて、まさつの熱で温めたことはありますか。電子レンジは「マイクロ波」という電波の一種を使って、食べ物をまさつ熱で温めているのです。英語では「マイクロウエーブ・オーブン」といい、まさにマイクロ波を使ったオーブンという名前です。

　食べ物は水分を含んでいます。マイクロ波はその水の分子をものすごく速く振動させる性質があり、その振動でまさつ熱が発生します。あらゆる物質は分子という目に見えないくらい小さな粒でできていて、水も水の分子がたくさん集まってできています。マイクロ波を当てると、水の分子の一つ一つが1秒間に24億5千万回も振動し、ぶつかり合ったり、こすれ合ったりして熱が生まれています。

　国産初の電子レンジは60年以上

227

前の1959年に東芝が作りました。電子レンジの中にはマイクロ波を出す「マグネトロン」という装置が入っています。電気と磁石の力を使い、電波であるマイクロ波を発生させます。マイクロ波は金属に反射する性質があります。マグネトロンから出たマイクロ波は食べ物に直接当たったり、金属でできた壁や底に反射したりして当たります。

どうしてマイクロ波で水の分子は振動するのでしょう。水の分子の一つ一つには、プラスの電気を帯びている部分とマイナスの電気を帯びている部分があります。マイクロ波が当たると、水の分子はプラスの部分とマイナスの部分が一定の向きにそろおうとします。その向きがマイクロ波によって1秒間に24億5千万回の速さでひっくり返ることで、水の分子は高速で振動しているのです。

電子レンジは水の分子をちょうど振動させるマイクロ波だけを出すように設定されているので、水分をふくまないものは加熱できません。ガラスやプラスチック、陶器などはマイクロ波が通り抜けてしまいます。食べ物の器まで温まっているように感じるかもしれませんが、それは食べ物の熱が器に伝わっているからなのです。

じつは電子レンジは氷そのものを加熱することもできません。あくまで液体の水を温めるものです。冷凍食品の場合、少し溶けて水分が出てきたところから加熱が始まり、だんだんと全体が温まっていきます。

家庭で使われる電子レンジには、ターンテーブルという回転するお皿に食べ物をのせるタイプがあります。ターンテーブルは食べ物をのせながら回転することで、マイクロ波が食べ物にまんべんなく当たるようにしています。マイクロ波の当たる場所がかたよって加熱にムラができるのを防いでいます。

最近はターンテーブルがないタイプも増えてきました。コンビニエンスストアでも使われています。食べ物を回転させるのではなくて、マイクロ波を出す部分が回転することで、マイクロ波が庫内の色々な方向にまんべんなく出るようにしています。ターンテーブルがなくて庫内が平らなので、大きめのお弁当なども温めやすいのです。

電子レンジの中は電波がとびかっている

Part 8 くらしのギモン

マイクロ波が食べ物を加熱する仕組み

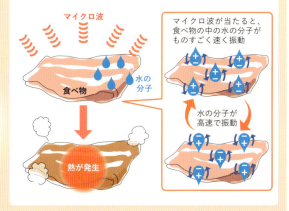

1959年に東芝が開発した国産第1号の電子レンジは今の冷蔵庫くらいの大きさだった

電子レンジで注意すること

- ⚠ 卵などの殻や膜のある食べ物をそのまま加熱しない
- ⚠ 飲み物を温めた後、急にふっとうすることがある
- ⚠ サツマイモなど水分が少ない食べ物を加熱しすぎると発火したり、こげたりすることがある

電子レンジを使うときにはいくつか注意点があります。まず、卵のように殻や膜のあるものはそのまま加熱してはいけません。中の水分が温められて水蒸気になると体積が増えて、殻や膜が破れることがあるからです。特にゆで卵は破れつするトラブルが多いので、食べ物の中にゆで卵が入っていないか確かめておきましょう。ほかにも、イカは皮をむいたり、切れ目を入れたりするのがいいです。クリやギンナンには割れ目を入れておきましょう。

飲み物を温めたときは、取り出した後に急にふっとうすることがあるから気をつけてください。高温になった液体がちょっとしたショックで突然にふっとうする現象があります。

水分が少ない食べ物を加熱しすぎても危ないです。サツマイモやニンニクなどを少量で加熱しすぎると、こげたり発火したりすることがあります。水を少し加えたり、量を増やしたりして加熱する方が安心です。

博士からひとこと

携帯やテレビも電波を利用

電波であるマイクロ波は「波」というとおり、山と谷がくり返す目に見えない波になって空間を伝わる。1秒間に波が繰り返す回数を周波数といい、ヘルツの単位で表すんだ。マイクロ波は1秒間に数十億回という非常に細かい振動をしている波だ。電子レンジのマイクロ波の周波数は国際的に2450メガヘルツ（メガは100万）、つまり1秒間に24億5千万回の振動と決められているんだ。

マイクロ波は生活に欠かせない存在だ。情報を伝える通信に利用できる性質を生かし、携帯電話をはじめ、テレビ放送や衛星放送、各種のレーダーと幅広い用途で活用されているんだ。電子レンジはもともと、レーダーを開発していたアメリカの軍事企業がマイクロ波の実験中に加熱に利用できることを発見したのがきっかけになったんだ。

マイクロ波より周波数が小さい電波も、FMラジオやアマチュア無線、AMラジオなどに使われているよ。

話を聞いた会社　東芝ライフスタイル
　　　　　　　　　東芝ホームテクノ

カビはどこから生えるの?

Part 8 くらしのギモン

大好きな果物をお母さんにたくさん買ってきてもらうんだけど、みかんやイチゴを食べ切れずにいたら、いつのまにかカビが生えていた。芯の部分にカビが生えたリンゴもあったよ。カビって、どこから来るのかな。

空気中をただよい栄養・水があれば増える

果物にカビが生えるのは、空気中にただよっていたカビの胞子が果物の表面にくっつくからです。胞子はカビが増えるのに必要で、植物の種にあたります。

カビは土や水の中、空気中などいたる所にいます。家の中には胞子がほこりなどと一緒に外から入ってきます。でもとても小さいので目に見えません。

胞子はどこかに落ちると発芽して、糸のような菌糸をのばします。同じように糸を伸ばした近くのカビとくっついて大きくなります。そうすると、また胞子を作って放出します。空気中に舞い上がってただよいながら飛んでいき、どこかにくっついて増えます。この繰り返しです。

カビが定着してすみやすいのは栄養と水分があって、適度な温度の場所です。こういう場所ではたくさん増えて大きなかたまりになります。

231

綿毛のようにフワフワなカビは、人の目でも見えるほど増えた状態です。

カビはキノコなどと同じ「菌類」です。菌というけれど大腸菌などの「細菌」とは違います。菌類には動物や植物と同じく、細胞の中に「核」という構造がありますが、細菌には核がありません。これは大きな違いです。

一般に菌類の方が大きいです。細菌は1マイクロ（マイクロは100万分の1）メートル程度で、カビの胞子は数〜10マイクロメートルほどあります。カビは菌糸で細胞同士がつながりあっていて、菌糸を100マイクロメートル、つまり0.1ミリメートルほど伸ばすこともあります。カビを糸状菌と呼ぶときもあります。

カビと同じ菌類の仲間に酵母がいます。身近なのはパンを作るときに加えるパン酵母です。ドライイーストと呼ばれることもあります。酵母がパン生地に含まれる糖を分解して炭酸ガスができ、生地がふくらみます。酵母は菌糸が無く、細胞は丸い形でバラバラに存在しています。キノコには菌糸があり、カビより強い構造なので、大きく成長できます。

カビの生えたものを食べると食中毒になってしまうことがあります。カビから出る胞子を多く吸いこむと、アレルギーになることもあります。注意しましょう。

食べ物の他に家の中でカビが生えやすいのは、お風呂や台所などの水回りです。浴室には通常、換気する仕組みがありますが、どうしても湿度が高くなりやすいです。カビにとっては絶好のすみかなのです。洗濯機の中にもカビが生えることがあります。洗濯機の中に残った洗剤のかすなどを栄養にするカビがいるからです。

金管楽器の内部も、管がぐるぐる巻いていて湿気が逃げにくいのでカビが生えることがあります。また、エアコンは冷房運転で空気を冷やす時に、空気中の水蒸気の一部が液体になるのでカビが生えやすくなります。スマートフォンとカバーとの間に生えることもあります。

布団もカビが生えやすいです。人の皮膚のかすや脂分が栄養になり、水分も多いです。寝ている間に汗などの水分が出てきます。寝ているときに吐く息にも水分が含まれています。

朝起きて体重を量ると、寝る前よりも少し体重が減っています。おしっこなどのほかに、呼吸や汗などで自然に体外に出る水の量は、時期にもよりますが大人で1日約900ミ

カビは身近な存在で、さまざまな場所で増える

カビの生活史（無性生殖の場合）

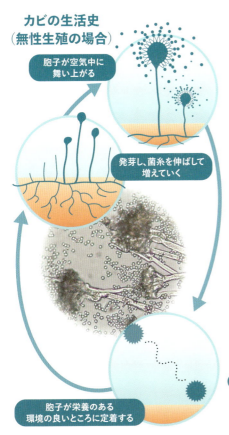

- 胞子が空気中に舞い上がる
- 発芽し、菌糸を伸ばして増えていく
- 胞子が栄養のある環境の良いところに定着する

土の中や水中など、いろんなところにいる

家には建築中からつくこともある

土やほこりに乗って胞子が家の中へ

家の中ではこんなところに生えやすい

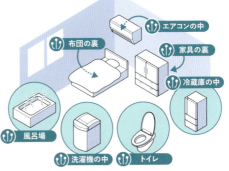

- エアコンの中
- 布団の裏
- 家具の裏
- 冷蔵庫の中
- 風呂場
- 洗濯機の中
- トイレ

人はカビを役立ててきた

(写真は2点とも浜田信夫氏提供)

コウジカビ — 発酵食品に欠かせない

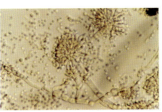

アオカビ —「ペニシリン」発見で多くの患者が救われた

Part 8 くらしのギモン

リリットルといわれます。夜間に体から出た水分の一部は、布団で結露して液体になります。その水をカビが利用しているのです。

最近の家は昔より隙間が少なく室温を保ちやすい一方で、湿度の高い場所ができやすくなります。カビを防ぐには、カビが利用できる水分を換気で減らしましょう。窓を2つ以上開けて空気の通り道を作ったり、定期的に布団をほしたりすることが効果的です。エアコンのカビを防ぐには、運転後に自動で内部を乾かしてくれる機種を選ぶのも手です。

6〜7月ごろは日本の多くの地域で雨の日が増えます。カビが生えやすい時期ですから、昔は「カビの雨」と書いて「黴雨」と呼んでいました。その後、黴の代わりに梅の字を使って梅雨（つゆ）と書くようになったともいわれています。

カビが全くいない環境では、人は健康を保ちにくいともいわれています。たくさん増えなければ大きな害はありません。あまり神経質にならないことが大切です。

博士からひとこと

お酒や味噌づくりに役立っているよ

カビは他の菌類と同様に、動物や植物の出したものや死骸を分解し、再び生物が使えるようにする役割を果たしている。「分解者」といって、生態系になくてはならない存在だ。

人はカビにとてもお世話になっている。日本では日本酒や味噌・しょうゆなどの発酵食品をつくる際にコウジカビを使う。コウジカビにもいくつか種類があって、しょうゆをつくる時に使うコウジカビは、大豆に含まれるたんぱく質などを分解する役割があるよ。こうしたカビは毒をつくらず安全なことが分かっているんだ。

医学分野でもカビは重要だ。イギリスの学者のアレクサンダー・フレミングは、アオカビから細菌を殺す物質を発見した。この物質はアオカビの別名「ペニシリウム」から取って「ペニシリン」と呼ばれ、細菌が引き起こす病気の治療薬として人命を救った。フレミングは1945年にノーベル生理学・医学賞を受賞しているよ。

話を聞いた人　大阪市立自然史博物館の浜田信夫外来研究員

使い捨てカイロはどうして温かくなるの？

Part 8 くらしのギモン

寒くなってくると手足を温めてくれる使い捨てカイロが手放せないんだ。どこでも手軽に温まることができて便利だよ。ストーブやヒーターのように火や電気を使っているように見えないのに、何時間も温かくて不思議。どうしてカイロは温かいのかな。

鉄がさびる力で発熱しているんだ

　寒くなってくると体が芯から冷えるから温めたくなります。カイロの原型ができたのは江戸時代だと言われています。「カイロ」という言葉の由来は、衣服内側の胸元を表す「懐」を温める「炉」だと言われています。当時は温めた石を布などに包んで暖をとっていたのです。
　現在の使い捨てカイロの主な材料は鉄の粉です。こうした製品が売られるようになったのは、1970年代だと言われています。当時は数時間くらい持つものでしたが、改良を重ね、現在は貼るタイプなら12時間ぐらい温かさが続きます。
　カイロの温かさは、鉄の粉が酸素や水と結びつくときに出る熱なんです。1グラムの鉄が酸素や水と結びつくとき、約7.2キロジュールの熱が生まれます。これは100グラムの水の温度をセ氏0度から17度くらい上げるエネルギーと同じ力です。こ

の反応が「酸化」で、発生する熱が酸化熱です。

酸化反応は私たちの暮らしに身近なものです。放置された自転車のチェーンやネジは、鉄の表面が赤くなって「さび」ができていますね。さびは酸化反応の結果できた物質なのです。

けれども、さびの表面を触っても熱くはありません。カイロの温かさの秘密は、鉄が酸素や水と結びつく速さにあるのです。酸素と結びつく速度がすごく速ければ燃焼、つまり燃えます。さびるというのは、反応がゆっくり進むときの現象です。自転車のチェーンがさびるには数年以上の時間がかかることが多いです。カイロの中ではその中間の速さで反応が進んでいます。中身の材料を工夫して反応を素早く進ませ、私たちが感じられる熱にしているのです。

体を温めるのにちょうどよい温度になるよう反応を進めるため、様々に工夫されています。まず大切なのが外袋です。反応は鉄が酸素と水の両方に触れたときから始まります。「バーミキュライト」という保水材に蓄えた水と鉄はもともとカイロの中にあるので、酸素が加わるタイミングが大事です。開ける前に決して酸素が入らないよう、封がしてあります。外袋を開けるとようやく外の空気が入り、鉄と水が酸素と混ざります。

鉄などの材料を包むカイロ本体の袋にもこだわりがあります。不織布という空気を通しにくい布を使っています。そのままでは酸化反応が始まらないので、目に見えない小さな穴を開けてあります。穴の数や大きさによって酸素の量が変わり、反応の速さが変わります。発熱して40～50度くらいになるように穴を調整して作られています。酸素を取り込んでためておける活性炭という炭の仲間も手伝っています。

でも袋の中の鉄が大きなかたまりの状態だったらどうでしょう。鉄の内側が酸素と触れあえないので、表面しかさびません。さびる量が温かさの源ですから、一部しかさびないのは非効率です。

だから鉄は細かい粉なのです。酸素や水と接する面を増やし、さびを増やす工夫です。反応は保水材に蓄えた水の中で、酸素や鉄がイオンという形になって進みます。水中をイオンが動き回って互いにくっつきます。

もうひとつの工夫は塩です。海辺の車はさびやすいといいます。海風に

カイロはなぜ熱くなるの？

カイロの中身
活性炭／鉄粉／塩／水／保水材

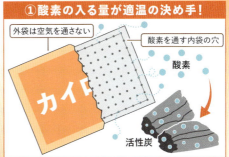

①酸素の入る量が適温の決め手！
外袋は空気を通さない／酸素を通す内袋の穴／酸素／活性炭

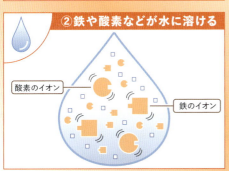

②鉄や酸素などが水に溶ける
酸素のイオン／鉄のイオン

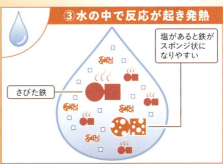

③水の中で反応が起き発熱
塩があると鉄がスポンジ状になりやすい／さびた鉄

鉄粉と水などが別になっていたカイロ

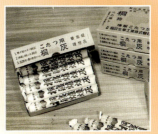

植物を炭にして固めた「カイロ灰」

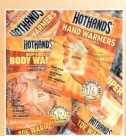

海外のカイロ

時代	カイロの種類
江戸時代	温石（おんじゃく）
明治	カイロ灰
大正	ベンジンカイロ
1970年代	鉄とそれ以外の材料が分かれた使い捨てカイロ
現在	貼るカイロや高めの温度のカイロなど様々な種類がある

Part 8 くらしのギモン

含まれる塩分の影響です。カイロにも塩が入っています。さびが鉄の表面を覆うとそれ以上さびなくなってしまいますが、塩があれば鉄がスポンジのようになり、奥までさびるのです。

　みんな寒いのは嫌いだから様々な知恵を絞って暖をとってきました。それがカイロの歴史でもあります。明治時代にはアサガラなどの植物を炭にして固めた「カイロ灰」を使っていました。大正時代に登場したのはベンジンカイロです。容器に入れたベンジンという液体が気体になり、白金の助けを借りて酸素と反応したときに出る熱を使う仕組みでした。

　1970年代に入ると、現在のカイロのように酸化熱を利用する使い捨てカイロもできました。当初は鉄とそれ以外の材料が袋の中で分かれていました。だから使う人が、カイロを振ったりもんだりして材料の反応を進めなくてはいけませんでした。今では包装フィルムの改良が進み、材料の混ぜ方も工夫されたので、鉄とそれ以外の材料を分ける必要がなくなり、もむ必要がなくなりました。

博士からひとこと

実は温暖な国でも人気

　日本で生まれたカイロは海外の人たちも魅了している。カイロ製造大手の小林製薬グループは2001年から輸出を始めたよ。現在では同社の製品は少なくとも世界の10以上の国と地域で販売されているんだ。（2021年調べ）意外なことに、暖かい地域の人々にも人気なんだって。

　暖かい地域に暮らす人々は寒さが苦手なんだ。例えば台湾は日本と比べて温暖な地域だけれど、暖かい気候だからこそ家などに暖房機器が少ないそうだよ。寒さに慣れていない暖かい地域の人々は、気温がセ氏20〜25度になると寒さを感じてカイロを使い始めるんだ。カイロは用途に応じて指先から足裏まで温められ、暖房設備いらずで手軽で良いと喜ばれているんだよ。

　もちろん寒い地域の人々にも人気だ。北米や中国などでは、外でのスポーツ観戦の際に使うことが多いから、広まったらしい。アメリカでは人気が高じて、地元のカイロメーカーができたそうだよ。

話を聞いた会社　小林製薬

Part 8 くらしのギモン

ダイヤモンドはどうして硬いの?

お母さんといっしょにアクセサリーのお店に行ったら、ダイヤモンドの指輪があったよ。きらきらと光ってきれいだった。ダイヤはすべてのものの中で一番硬くて傷がつかないんだって。どうしてそんなに硬いんだろう。

地球の奥深くで強い圧力がかかったからなんだ

ダイヤモンドは限られた地域でしか見つからない珍しい宝石です。何を使ってひっかいても傷ができません。これまでの実験で、自然にあるものの中で最も硬いことが確認されています。

ダイヤモンドは、地球の中の奥深くの、高い温度で強い圧力がかかったところでできるといわれています。地下深くでできたダイヤモンドは、火山の噴火などで地上の近くまで運ばれます。

どんなものでも細かく分解していくと、原子と呼ばれる粒になります。ダイヤモンドの場合は、炭素という原子からできています。炭素の原子が三角ピラミッドのように4つの方向に手を伸ばして、がっちりとつながっています。このかたちがダイヤモンドを硬くする理由です。

炭素のつながり方でいろいろな

239

物質になります。炭素でできていてもすべてが硬いわけではありません。つながり方に関係するのです。例えば鉛筆の芯に含まれる「黒鉛」も、炭素が六角形につながってできた何枚もの板が積み重なったものです。サッカーボールのように炭素がつながると、化粧品の材料にも使われる「フラーレン」という物質ができます。

ダイヤモンドが硬いのは炭素同士をつなぐ腕が短いからでもあります。炭素の間の距離が近いと外から力がかかっても動じません。ダイヤモンドと同じく三角ピラミッドみたいにつながる「シリコン」という原子は、腕が長いのでダイヤモンドよりは硬くありません。

どんなものより硬いダイヤモンドは、ガラスなどを切るカッターに使われています。円形の刃の縁にダイヤモンドをつけてすごい速さで回転させると、硬いものもきれいに切ることができます。

ダイヤモンドは傷が付きにくいですが「壊れにくい」わけではありません。衝撃にはそこまで強くないのです。鉄のハンマーでたたくだけで、ばらばらになってしまう場合もあります。ガラスも同じで、硬くてもすぐに割れます。うすい板を考えてみましょう。板は硬いほど折り曲げようとするとすぐに壊れてしまいます。逆にやわらかくてしなやかな板は、曲げても壊れずに形が変わるだけです。

ダイヤモンドのように炭素がきれいに並んでしっかりとつながると、少しのつなぎ目がほどけてしまうだけで、別の部分まで一気に壊れてしまいます。硬さと壊れやすさは違うのです。

指輪などについているダイヤモンドは、ぴかぴかに輝く形に加工されています。「ブリリアントカット」とも呼ばれています。ダイヤモンドは入ってきた光を大きく曲げ、反射するたびに虹色に分ける性質があり、ブリリアンカットのおかげで光がダイヤモンドの内部でなんども反射を繰り返すためです。

きれいにつながった炭素の一部に別の原子が混ざるとダイヤモンドに色がつきます。窒素の原子が混ざっていると茶色や黄色に、ホウ素の原子が混ざると青色になります。窒素が混ざってその隣の炭素が欠けると、ピンク色になると

ダイヤモンドは自然にあるもので最も硬い

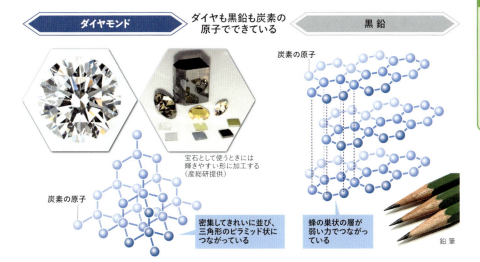

ナイフで切ろうとしても傷が付かない

ハンマーで強くたたくと壊れてしまう

指先の熱がすぐに伝わって氷が簡単に切れる

言われています。

ダイヤモンドには熱を伝えやすい特徴もあります。例えば、板状にしたダイヤモンドを指でつまんで氷に当てると、簡単に切れます。これは指先の熱がダイヤモンドにすぐに伝わっていくからです。

ダイヤモンドでできたスプーンがあれば、カチコチの硬いアイスも簡単にすくうことができます。ダイヤモンドを使えば、機械やコンピューターにたまった熱をうまく

外に逃がすことができるともいわれます。

ダイヤモンドを人工的につくる技術もあります。地中の奥深くでダイヤモンドが自然にできるのと同じように、高い温度で高い圧力をかけることで、形が整っていなかったり、余計なものを含んだりしている「くずダイヤ」を本物のダイヤモンドに変えることができるのです。

炭素を含んだガスをばらばらに分解し、少しずつダイヤモンドを育てる技術もあります。この技術で1センチメートル以上の大きさのダイヤモンドのかたまりをつくれます。

ダイヤモンドは宝石としてだけではなく、いろんな用途に使える可能性をひめています。これからは身近なところでもダイヤモンドが使われるようになるかもしれません。

博士からひとこと

半導体やセンサーにも応用

ダイヤモンドはもともと電気を通さないんだけど、人工的にダイヤをつくるときに、ホウ素やリンといった原子を混ぜると電気が流れるようになるんだ。すると電子機器などに使われる半導体として使えるようになる。ダイヤが頑丈であるという特性から、大きな電気を扱っても壊れずに、宇宙などのきびしい環境でも耐えられるんだ。「究極の半導体」と呼ばれて応用が期待されているよ。

また、とても小さい温度や磁気などの変化を測れるセンサーとして、応用に向けた研究がさかんになっている。ダイヤを構成している炭素の原子を1つ取り除いて穴を開け、その隣を窒素の原子に置きかえることでセンサーとして使えるようになるんだ。脳が活動することによって生じる小さな磁気の変化をとらえたり、体の細胞の中の変化をとらえたりすれば、これまで原因がわからなかった病気の解明や、新しい薬の開発につながると考えられているよ。

話を聞いた人　産業技術総合研究所先進パワーエレクトロニクス研究センター
竹内大輔・副研究センター長

Part 8 くらしのギモン

なぜ消臭スプレーでにおいが消えるの？

最近、家にあるソファからくさいにおいがしていたんだ。お母さんに言ったら、消臭スプレーをかけてくれたよ。すぐににおいがしなくなったけど、不思議だよね。なんでだろう？

穴のあいた成分をつけてにおいを吸収するんだ

服やソファで、見た目はあまり汚れていなくても嫌なにおいがすることがあります。においの原因となる物質は、目に見えないくらい小さいのです。それらが鼻の中に入ってくると「くさい」などと感じます。

においの物質は40万種類以上もあります。しかもその物質がたくさん混じることで、色々なにおいが生まれます。嫌なにおいがする物質でも、他の物質と一緒に鼻の中に入ると良いにおいに感じることもあります。

服などが嫌なにおいのする原因は2つあります。1つは、着ていた服が外出時などに嫌なにおいを吸収したときです。たばこのにおいや食べ物のにおいが布にくっつくと、なかなか取れないことがあります。

もう1つは菌が原因のにおいです。例えば服に汗や脂がしみつい

243

て残ると、それをエサにして菌が増えます。すると、菌は代謝物というフンみたいなものを出します。これが嫌なにおいの元になります。洗濯後の生乾きの洗濯物なども嫌なにおいがすることがあります。菌は湿った場所が暮らしやすいです。だからたくさん増えて嫌なにおいを出します。

服以外には、例えば台所の排水溝や三角コーナーからもくさいにおいがします。水が多くて菌が増えやすく、エサになるものが多い環境です。朝起きた直後などに、口の中がにおうことがあります。口の中にはもともと菌がすんでいて、歯みがきをしないで食べもののかすが残ったりすると、それをエサに菌が増えます。

脳には感情をコントロールする部分があり、においの刺激を受けると、良い気分になったり不快に感じたりします。菌が通常よりも増えると「嫌なにおいだな」と思うことが多くなります。モノを目で見たり肌で痛みを感じたりするよりも、においを脳で感じるほうが早いです。においに気づくことは、人間が危険なものからいち早く逃げるために大切なことだからです。

嫌なにおいを消すのに役立つのが消臭スプレーです。消臭スプレーには主に2つの成分が入っています。1つは空気中に漂うにおいを消す消臭成分です。消臭成分がにおいの元になる物質にくっつくと、におわないように形を変えます。穴がたくさん開いた成分をスプレーでかけて、その穴の中に嫌なにおいを吸収してなくす方法もあります。

もう1つは、においの元になっている菌が増えないようにする抗菌成分です。菌が増えることで不快なにおいが出るので、菌が増えるのを止めれば嫌なにおいも出ません。においの発生を抑える防臭効果を狙います。

発生しているにおいを別のにおいに変えるスプレーもあります。良いにおいの物質を嫌なにおいの物質にたくさんくっつけて、においの種類を変えます。におい成分の形を変えて、まったく違う良いにおいにする方法も研究されています。

消臭スプレー以外にも、例えば

置き型の<u>脱臭剤</u>が売られています。小さな穴がたくさん開いている炭やビーズを容器に入れておくことで、嫌なにおいのする物質を吸収します。ただ空気中のすべてのにおいを回収するのは難しいです。<u>芳香剤</u>は良いにおいを多く放出することで、嫌なにおいをかき消して感じないようにします。少し強いにおいがするので、芳香剤が苦

手な人もいます。

　消臭スプレーはどんなにおいも消せるように思えますが、完全にゼロにするのは難しく、実は苦手なにおいもあります。一番やっかいなのはたばこのにおいです。100種類以上のにおい成分が混じってできています。あまりに多いので、消臭スプレーではにおいを全て消すことはできません。人が嫌だと感じる成分がどれかを探すのも難しいので、少しにおいが残ってしまうかもしれません。ほかには、焼き肉のような食べ物もにおいの成分が多いので消しにくくなります。

　もし嫌なにおいを完全に消したいなら、菌が増えないような環境をつくることが大切です。もともとくさくなくても、前もって消臭スプレーをかけておけば、抗菌成分によって菌が増えないからにおいを予防できます。ほかにも洗濯をこまめにすることで、服に菌のエサになる脂などを残さないことも大切です。

博士からひとこと

光でにおいを消す研究も

　くさくて不快なにおいとどうつきあうかは多くの人にとって悩みの種だ。平安時代にまで歴史を遡ると、体臭を隠すためにお香をたいて香り付けをしていた。海外では体臭がにおわないようにするため香水を使う人が多かった。そのため様々な香水が開発された。

　消臭のニーズが最初に高まったとされるのはトイレだ。各家庭に水洗トイレが設置されると、目に見えないにおいを取りたいという声が相次いだ。服の消臭では、まずスーツなど洗濯が難しい衣類の除菌・抗菌目的のスプレーが開発され、その後、においを取るためのスプレーが作られるようになった。

　最近では光の働きを応用してにおいを消す研究が進んでいる。光を特殊な素材に当てることでにおい成分を分解することができる。工場で出る排気の消臭や、家の外壁にぬってにおいや汚れがつかないようにする。また家庭用でも車や冷蔵庫の中に置くタイプや、スプレータイプが発売されている。

話を聞いた会社　花王

メートルの単位は何が基準なの?

Part 8 くらしのギモン

長さならメートル、重さだとキログラムといった単位は世界共通になっているんだよね。どこの国に行っても、測った値はそのまま同じように使えるから便利だね。でも1メートルや1キログラムって、だれが何を基準に決めているのだろう。

光を使って厳密に決めているよ

　テレビで米国の野球を見ていると球の時速を「マイル」で表していますね。ボウリング場に行くとボールの質量は「ポンド」の値になっています。1マイルは約1.6キロメートル、1ポンドは約0.45キログラムです。日本でも「寸」や「貫」など昔の単位を使うときがありますが、計算し直すのは面倒です。
　世界で統一した単位を使おうと決まった起源はフランスにあります。昔は、世界どころか各国の中でもまちまちの単位を使っていました。18世紀末のフランス革命のころから長さの単位を統一する機運が盛り上がり、地球の大きさを基準にする案が採用されました。
　フランス北部のダンケルクからパリを経由してスペインのバルセロナまでの測量が始まりました。6年をかけた実測をもとに北極から赤道までの距離を1万キロメート

ルと推測し、その1000万分の1を1メートルと決めました。

　フランス国内でもすぐには普及しませんでしたが、徐々に良さが認められました。ヨーロッパの主要国が共通の単位にしようと議論し、1875年に「メートル条約」が結ばれました。同時に国際度量衡総会や同委員会などの関係機関が設立されました。事務局となっている国際度量衡局は現在もパリ郊外に置かれています。

　キログラムの歴史もほぼ同じ道をたどっています。18世紀末にフランスで水1リットルの質量を1キログラムにしようと提案され、メートル条約を結んだ際に合意しました。

　それぞれの基準となる「メートル原器」と「キログラム原器」を合金で作り、条約を結んだ国に1889年に複製を送り、単位の標準として使い始めました。日本も1885年にメートル条約に加わり、メートル原器とキログラム原器が送られています。

　ところが科学技術の発展に伴っていろいろと困ったことが出始めました。計測精度がどんどん高まり、標準としていた原器が標準といえなくなってきたのです。

　ダンケルクからバルセロナまでの測量は当時では高精度でしたが、最新のデータでは北極から赤道までの長さは2キロメートルほど長くなります。厳重に保管してきたメートル原器も極めてわずかですが、温度によって伸び縮みします。

　キログラム原器はだいたい30年おきに本体と複製の質量を比べ、変わりがないかどうかを確かめてきました。すると、この100年ほどの間に50マイクロ（マイクロは100万分の1）グラム前後の差が出ていることが見つかりました。

　原因はまだ分かっていません。表面に指紋が付くだけで50マイクログラム重くなる可能性があるといいます。何かが付いた可能性や表面を洗うためわずかに軽くなってしまった要因などが考えられています。

　変わらない基準をどうやって決めていくのか。単位を扱う専門家たちはずっと議論を続けてきました。合金のような物質に頼らずに単位を決めることができれば、精度も上がる

単位は物理の「定数」を使って決めている

　と考えました。
　メートル原器は1960年、クリプトンという元素が出す光の波長を用いる方法に変わり、精度が約100倍高くなったといわれました。さらに1983年、真空中を進む光の速さを使う方法に決まり、現在も使われています。光は1秒間に約30万キロメートルも進みます。この光の速さは不変で、精度はさらに1万倍高ま

りました。

キログラム原器に代わる方法も2011年の国際度量衡総会で決まりました。物理学で用いられる「プランク定数」を使う方法です。ちょっと難しいですが、光に関する物理定数です。

ただ、この定数を決めるためには精密な実験が必要です。異なる2つの方法が考えられていて、各国の標準を担当する研究機関が分担して実験に取りかかりました。

日本や米国など5カ国から8つの測定結果が集められ、2018年にプランク定数の値は決まりました。2019年からこの基準が使われています。

メートルやキログラムのほかに時間の秒や電流の「アンペア」、温度の「ケルビン」など7つの基本的な単位が国際度量衡総会で決められています。近い将来、「秒」の基準が次に見直されると話題になっています。

博士からひとこと

最先端の科学技術を反映

計量制度の歴史は古い。紀元前に初の中国統一をなしとげた秦の始皇帝は、貨幣とともに度量衡も統一したといわれる。度は長さ、量は体積、衡は重さのことだよ。日本では701年の大宝律令で度量衡制度を定めたんだ。

人やモノ、情報の交流が世界で活発になるのに合わせて共通の単位の大切さは深く理解されるようになった。その基準を厳密に決めるためには最先端の科学技術が必要になる。

主要国には専門機関が設けられている。米国の国立標準技術研究所は世界で最も陣容が整った研究機関といわれる。日本には産業技術総合研究所の中に計量標準総合センターがある。ヨーロッパにも伝統のある機関は多いよ。

約130年ぶりに改定されたキログラムのときは、産総研が作った純度99・99パーセントのシリコン結晶の球体が貢献した。次に見直しがあるとみられる秒では、東京大学の香取秀俊教授が開発した「光格子時計」と呼ぶ技術が有力な候補にあがっているんだ。

話を聞いた人　産業技術総合研究所計量標準総合センターの竹歳尚之・計量標準普及センター長

著者一覧

氏名	章・節
青木慎一	4-4、5-4、7-2
荒牧寛人	3-1、6-5
猪俣里美	7-4
遠藤智之	1-5、3-5、8-4
尾崎達也	1-4、2-3、2-4、7-6、8-6
川原聡史	6-3
北川 舞	6-1、8-7
草塩拓郎	8-2
桑村 大	5-5
越川智瑛	2-1、3-2、3-3、8-5
下野谷涼子	3-4、3-6、4-2
スレヴィン大浜 華	1-1、1-3、8-1
張 耀宇	7-3、8-8
出村政彬	1-6、2-6、4-5
中島沙由香	1-2、7-1、7-5
永田好生	4-3、6-2、8-10
福井健人	1-7、8-9
藤井寛子	2-5、3-8、3-9、4-7、5-7、6-6
前田悠太	7-7
松添亮甫	2-2、2-7、4-6
三隅勇気	4-1、8-3
矢野摂士	5-1、5-2、5-3、5-6
山本 優	3-7、6-4

グラフィックス 制作者一覧

天野由衣、安藤智彰、植田大智、太田美菜子、貝瀬周平、鎌田多恵子、久能弘嗣、久保庭華子、桑山昌代、佐藤綾香、佐藤季司、竹林香織、幅野由子、茂木麻美

そのギモン、カガクのチカラで答えます

2024年11月22日　第1刷

編　者	日本経済新聞社編集サイエンスグループ
発行者	大角浩豊
発行所	株式会社日経サイエンス https://www.nikkei-science.com/
発　売	株式会社日経BP マーケティング 〒105-8308 東京都港区虎ノ門4-3-12
印刷・製本	株式会社シナノ パブリッシング プレス

ISBN978-4-296-12144-1
Printed in Japan
ⓒNikkei Inc. ,2024

本書の内容の一部あるいは全部を無断で複写（コピー）することは、法律で認められた場合を除き、著作者および出版社の権利の侵害となりますので、その場合にはあらかじめ日経サイエンス社宛に承諾を求めてください。